国家电网有限公司
STATE GRID
CORPORATION OF CHINA

U0158866

输变电工程施工作业层班组骨干培训教材

变电站二次系统调试

国家电网有限公司基建部　组编

中国电力出版社
CHINA ELECTRIC POWER PRESS

内 容 提 要

为贯彻落实国家终身职业技能培训要求，培育正规化、专业化、职业化的输变电工程施工作业层班组队伍，提高一线作业人员素质和技能，稳定输变电工程安全稳定局面，规范实施作业层班组人员培训，国家电网有限公司基建部组编《输变电工程施工作业层班组骨干培训教材》，共 5 个分册。

本分册为《变电站二次系统调试》，以模块化教材为特点，工作任务为导向，语言简练、通俗易懂，专业术语完整准确，适用于作业层班组人员培训教学、员工自学，也可作为新员工培训、相关职业院校教学参考。同时，书中相应位置将操作演示视频和安全注意事项等以二维码形式呈现，方便学习使用。

图书在版编目（CIP）数据

变电站二次系统调试 / 国家电网有限公司基建部组编. —北京：中国电力出版社，2022.6
（2024.1 重印）

输变电工程施工作业层班组骨干培训教材

ISBN 978-7-5198-5893-3

Ⅰ. ①变⋯ Ⅱ. ①国⋯ Ⅲ. ①变电所–二次系统–调试方法–技术培训–教材 Ⅳ. ①TM63

中国版本图书馆 CIP 数据核字（2021）第 160619 号

出版发行：中国电力出版社
地　　址：北京市东城区北京站西街 19 号（邮政编码 100005）
网　　址：http://www.cepp.sgcc.com.cn
责任编辑：高　芬　罗　艳
责任校对：黄　蓓　朱丽芳
装帧设计：张俊霞
责任印制：石　雷

印　　刷：三河市万龙印装有限公司
版　　次：2022 年 6 月第一版
印　　次：2024 年 1 月北京第二次印刷
开　　本：710 毫米×1000 毫米　16 开本
印　　张：11.25
字　　数：188 千字
印　　数：3001—4000 册
定　　价：88.00 元

编 委 会

《变电站二次系统调试》编写人员

骆　鹏	吴申平	魏永乐	李智诚	李德亮	方建筠
尹　东	吴金升	刘家泰	杨　前	程　剑	唐守克
陈德坤	李光瑞	曹正晓	王晓飞	贾宏生	雷鸣霄
斯　辉	周本立	王圣昌	舒　斌	迟玉龙	王　勇
姜一涛	徐　东	曲　趵	李　洋	马骁壮	赵汝祥
张　博	吴　凯	马　岳	张　剑	徐希霁	石祥进

前　言

实现碳达峰、碳中和，能源是主战场，电力是主力军，电网是排头兵。电网连接电力生产和消费，既是重要的网络平台，也是能源转型的中心环节。国家电网有限公司认真贯彻党中央、国务院决策部署，充分发挥"大国重器"和"顶梁柱"作用，自觉肩负起责任使命，在构建以新能源为主体的新型电力系统、推动能源绿色低碳发展中争做引领者、推动者、先行者。

习近平总书记指出，"技术工人队伍是支撑中国制造、中国创造的重要基础，对推动经济高质量发展具有重要作用。"为贯彻落实国家终身职业技能培训要求，培育正规化、专业化、职业化的输变电工程作业层班组队伍，提高一线作业人员素质和技能，巩固输变电工程安全稳定局面，规范实施作业层班组人员培训，国网基建部组编了《输变电工程施工作业层班组骨干培训教材》，共分为《架空输电线路》《输电电缆》《变电站土建工程》《变电站一次设备安装》《变电站二次系统调试》。

教材以国家、行业及公司发布的法律法规、规程规范、技术标准为依据，以作业层班组作业人员能力提升、满足现场工作实际需要为目的，以模块化教材为特点，以工作任务为导向，语言简练、通俗易懂，专业术语完整准确，适用于作业层班组人员培训教学、员工自学，也可作为新员工培训、相关职业院校教学参考。

本书凝聚了我国电网建设领域广大专家学者和工程技术人员的心血和智慧，是国家电网有限公司立足新发展阶段，深入推进高质量建设的又一重要成果。希望本书的出版和应用，能够提高我国输变电工程建设水平，为建设新型电力系统、助力双碳行动实施、服务经济社会发展做出积极贡献。

编　者
2022 年 5 月

目　录

前言

模块一 输变电工程建设安全管理基础

|项 目 一 法 律 法 规 相 关 要 求|

任务 1.1 班组安全管理相关法律法规要求

作业人员在作业中，必须遵守有关安全管理规定，如存在关闭、破坏直接关系生产安全的监控、报警、防护、救生设备、设施，或者篡改、隐瞒、销毁其相关数据、信息，或者存在因存在重大事故隐患被依法责令停产停业、停止施工、停止使用有关设备、设施、场所或者立即采取排除危险的整改措施，而拒不执行的行为，就必须追究刑事责任。

作业层班组骨干在组织生产的过程中，如果强令他人违章冒险作业，或者明知存在重大事故隐患而不排除，仍冒险组织作业，也必须追究刑事责任。

需要注意的是，上述法律责任并非必须发生事故才追究，只要有发生事故的现实可能，就有可能追究刑事责任。

🔍 知识延伸

《刑法》修正案（十一） 在生产、作业中违反有关安全管理的规定，有下列情形之一，具有发生重大伤亡事故或者其他严重后果的现实危险的，处一年以下有期徒刑、拘役或者管制：关闭、破坏直接关系生产安全的监控、报警、防护、救生设备、设施，或者篡改、隐瞒、销毁其相关数据、信息的；因存在重大事故隐患被依法责令停产停业、停止施工、停止使用有关设备、设施、场所或者立即采取排除危险的整改措施，而拒不执行的。

《刑法》修正案（十一） 强令他人违章冒险作业，或者明知存在重大事故

1

隐患而不排除，仍冒险组织作业，因而发生重大伤亡事故或者造成其他严重后果的，处五年以下有期徒刑或者拘役；情节特别恶劣的，处五年以上有期徒刑。

班组人员应参与本单位安全生产教育和培训，及时排查生产安全事故隐患，提出改进安全生产管理的建议；有权制止和纠正违章指挥、强令冒险作业、违反操作规程的行为。

班组特种作业人员应按照规定经专门的安全作业培训并取得相应资格，上岗作业。

需要注意的是，对已明确或已发现事故隐患未采取措施消除事故隐患的，构成犯罪的，依照刑法有关规定追究刑事责任。

🔍 知识延伸

《安全生产法》第二十五条　生产经营单位的安全生产管理人员应参与本单位安全生产教育和培训，检查本单位的安全生产状况，及时排查生产安全事故隐患，提出改进安全生产管理的建议；制止和纠正违章指挥、强令冒险作业、违反操作规程的行为。

《安全生产法》第九十七条（第二款）　特种作业人员未按照规定经专门的安全作业培训并取得相应资格，上岗作业的，责令限期改正，处十万元以下的罚款；逾期未改正的，责令停产停业整顿，并处十万元以上二十万元以下的罚款，对其直接负责的主管人员和其他直接责任人员处二万元以上五万元以下的罚款。

《安全生产法》第一百零二条　生产经营单位未采取措施消除事故隐患的，责令立即消除或者限期整改，处五万元以下的罚款；生产经营单位拒不执行的，责令停产停业整顿，对其直接负责的主管人员和其他直接责任人员处五万元以上十万元以下的罚款；构成犯罪的，依照刑法有关规定追究刑事责任。

禁止总承包单位将工程分包给不具备相应资质条件的单位。禁止分包单位将其承包工程再分包。

班组应严格按照施工交底的工作内容和范围施工，如果在施工过程中发现有需要临时占用规划批准范围以外场地；施工可能损坏道路、管线、电力、邮电通信等公共设施；需要临时停水、停电、中断道路交通；需要进行爆破作业等情况时，应立即停止施工并报项目部按照国家有关规定办理申请批准手续，不得强行擅自施工。

《建筑法》第二十九条　禁止总承包单位将工程分包给不具备相应资质条件的单位。禁止分包单位将其承包的工程再分包。

《建筑法》第四十二条　有下列情形之一的，建设单位应当按照国家有关规定办理申请批准手续：

（一）需要临时占用规划批准范围以外场地的；

（二）可能损坏道路、管线、电力、邮电通信等公共设施的；

（三）需要临时停水、停电、中断道路交通的；

（四）需要进行爆破作业的；

（五）法律、法规规定需要办理报批手续的其他情形。

班组任何人发现安全事故隐患，应当及时向班组负责人和项目负责人报告；对违章指挥、违章操作的，应当立即制止。在使用施工起重机械和整体提升脚手架、模板等自升式架设设施前，班组安全员应当组织对设备进行自检验收，自检完成后报项目部验收，取得验收合格标识后方可使用。

《建设工程安全生产管理条例》第二十七条　建设工程施工前，施工单位负责项目管理的技术人员应当对有关安全施工的技术要求向施工作业班组、作业人员作出详细说明，并由双方签字确认。

《建设工程安全生产管理条例》第二十三条　发现安全事故隐患，应当及时向项目负责人和安全生产管理机构报告；对违章指挥、违章操作的，应当立即制止。专职安全生产管理人员的配备办法由国务院建设行政主管部门会同国务院其他有关部门制定。

┃项目二　输变电工程建设安全管理基本流程┃

任务 2.1　输变电工程建设安全管理基本流程

项目前期阶段，设计勘查单位开展安全风险、地质灾害分析和评估；建设单位组建业主项目部，确立安全管理目标；招标后中标单位按规定组建项目部，并配备专职安全管理人员，制定管理制度和安全措施，完善工程前期策划文件，班组技术员应参与施工方案编写。

工程开工前，建设单位组织现场踏勘，确定安全风险清册，召开第一次工地例会，组织设计安全交底，开展开工条件标准化核查，严格进场审查把关，杜绝不合格队伍、人员、机械、设施进场。

工程开工后，业主项目部组织开展现场安全文明施工设施进场验收、风险过程管理工作，监督落实到岗到位管控要求；参建项目部组织动态核查进场分包队伍及人员资格，验证特种作业人员人证相符情况，掌握工程建设分包动态信息。在开工、转序前落实作业层班组岗前培训考试等准入要求。定期组织开展安全检查活动，监督安全问题闭环整改，分级开展安全责任量化考核管理。

工程完工后，参建项目部组织开展安全管理总结，对风险管理、分包队伍管理、安全文明施工费用使用情况等开展评估考核。

🔍 知识延伸

《国家电网有限公司输变电工程建设安全管理规定》［国网（基建/2）－173—2021］第十五条～第二十六条

在项目前期阶段，设计（勘察）单位应开展工程安全风险、地质灾害分析和评估，优化工程选线、选址方案；可行性研究应对工程可能涉及的"三跨"作业、复杂地质条件和超过一定规模的危险性较大的分部分项工程等重大安全问题进行专项分析评估。

在工程前期阶段，建设单位应按规定组建输变电工程业主项目部，配备专职安全管理人员，制定工程建设安全管理目标。

工程中标单位应根据合同和有关规定组建项目部，按规定配备专职安全管理人员，制定工程安全管理制度和安全措施，完善工程建设管理实施规划（施工组织设计）等文件。

工程建设单位应牵头组织各参建单位开展工程总体安全管理策划，建立健全工程安全生产组织管理机制、安全风险管理机制、隐患排查治理机制、应急响应和事故救援处理机制等。

工程开工前，建设单位应组织业主、设计（勘察）、监理和施工项目部人员现场踏勘，确定工程施工安全风险清册。

工程开工前，业主项目部应组织召开第一次工地例会，协调现场安全管理问题。组织设计安全交底，组织监理、施工项目部开展开工条件标准化核查，严格进场审查把关，杜绝不合格队伍、人员、机械、设施进场。

工程开工后，业主项目部组织开展现场安全文明施工设施进场验收，定期组织检查，监督落实安全标准化要求。监督安全文明施工费用使用情况。

业主项目部组织监理、施工项目部开展风险过程管理工作，监督落实到岗到位管控要求。

参建项目部组织动态核查进场分包队伍及人员资格，验证特种作业人员人证相符情况，掌握工程建设分包动态信息。在开工、转序前落实作业层班组岗前培训考试等准入要求。

参建项目部组织开展安全检查活动，监督安全问题闭环整改；分级开展安全责任量化考核管理，定期组织检查，监督落实安全标准化要求。

工程完工后，参建项目部组织开展安全管理总结，对风险管理、分包队伍管理、安全文明施工费用使用情况等开展评估考核。

任务 2.2 班组人员安全职责

1. 班组负责人

（1）负责班组日常管理工作，对施工班组（队）人员在施工过程中的安全与职业健康负直接管理责任。

（2）负责工程具体作业的管理工作，履行施工合同及安全协议中承诺的安全责任。

（3）负责执行上级有关输变电工程建设安全质量的规程、规定、制度及安全施工措施，纠正并查处违章违纪行为。

（4）负责新进人员和变换工种人员上岗前的班组级安全教育，确保所有人经过安全准入。

（5）组织班组人员开展风险复核，落实风险预控措施，负责分项工程开工前的安全文明施工条件检查确认。

（6）掌握"三算四验五禁止"安全强制措施内容，对作业中涉及的"五禁止"内容负责。

（7）负责"e基建"中"日一本账"计划填报；负责使用"e基建"填写施工作业票，全面执行经审批的作业票。

（8）负责组织召开每日站班会，作业前进行施工任务分工及安全技术交底，不得安排未参加交底或未在作业票上签字的人员上岗作业。

（9）配合工程安全、质量事件调查，参加事件原因分析，落实处理意见，及时改进相关工作。

2. 班组安全员

（1）负责组织学习贯彻输变电工程建设安全工作规程、规定和上级有关安全工作的指示与要求。

（2）协助班组负责人进行班组安全建设，开展安全活动。

（3）掌握"三算四验五禁止"安全强制措施内容，对作业中涉及的"四验"内容负责。

（4）负责施工作业票班组级审核，监督经审批的作业票安全技术措施落实。

（5）负责审查施工人员进出场健康状态，检查作业现场安全措施落实，监督施工作业层班组开展作业前的安全技术措施交底。

（6）负责施工机具、材料进场安全检查，负责日常安全检查，开展隐患排查和反违章活动，督促问题整改。

（7）负责检查作业场所的安全文明施工状况，督促班组人员正确使用安全防护用品和用具。

（8）参加安全事故调查、分析，提出事故处理初步意见，提出防范事故对策，监督整改措施的落实。

3. 班组技术员

（1）负责组织班组人员进行安全、技术、质量及标准化工艺学习，执行上级有关安全技术的规程、规定、制度及施工措施。

（2）掌握"三算四验五禁止"安全强制措施内容，对作业中涉及的"三算"内容负责。

（3）负责本班组技术和质量管理工作，组织本班组落实技术文件及施工方案要求。

（4）参与现场风险复测、单基策划及方案编制。

（5）组织落实本班组人员刚性执行施工方案、安全管控措施。

（6）负责班组自检，整理各种施工记录，审查资料的正确性。

（7）负责班组前道工序质量检查、施工过程质量控制，对检查出的质量缺陷上报负责人安排作业人员处理，对质量问题处理结果检查闭环，配合项目部组织的验收工作。

（8）参加质量事故调查、分析，提出事故处理初步意见，提出防范事故对策，监督整改措施的落实。

4. 班组其他人员

（1）自觉遵守本岗位工作相关的安全规程、规定，取得相应的资质证书，不违章作业。

（2）正确使用安全防护用品、工器具，并在使用前进行外观完好性检查。

（3）参加作业前的安全技术交底，并在施工作业票上签字。

（4）有权拒绝违章指挥和强令冒险作业；在发现直接危及人身、电网和设备安全的紧急情况时，有权停止作业。

（5）施工中发现安全隐患应妥善处理或向上级报告；及时制止他人不安全作业行为。

（6）在发生危及人身安全的紧急情况时，立即停止作业或者在采取必要的应急措施后撤离危险区域，并第一时间报告班组负责人。

（7）接受事件调查时应如实反映情况。

| 项目三 输变电工程建设安全管理基本要求 |

任务 3.1 作业计划管理

现场施工实行作业计划刚性管理制度，所有作业均应纳入作业计划管控；发布后的作业计划因特殊情况确需调整的，班组负责人应及时向项目部报告，履行对应变更审批手续后开始作业。坚决杜绝无计划作业、随意变更计划作业、超计划范围作业、管控措施不落实等行为情况的发生。

🔍 **知识延伸**

《国家电网有限公司输变电工程建设安全管理规定》[国网（基建/2）173—2021] 第五十一条～第五十四条　现场施工实行作业计划刚性管理制度，所有作业均应纳入作业计划管控。作业计划应及时发布，发布后的作业计划无特殊情况不应变更，如确实需要调整的，应履行对应变更审批手续。输变电工程建设参建单位要全程掌握作业计划的发布、执行准备和实施情况，禁止无计划作

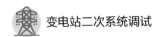

业。各级管理部门、各参建单位要将作业计划管理纳入日常督查工作中，将无计划作业、随意变更计划作业、管控措施不落实等行为作为重点督查对象。

任务 3.2 作业风险管理

1. 风险初勘及复测

开工前，施工项目部组织班组人员进行现场初勘。根据风险初勘结果及审查后的三级及以上重大风险清单，识别出与本工程相关的所有风险作业，制订风险实施计划安排。班组严格按照风险作业计划，提前开展施工安全风险复测。

2. 作业票开具相关规定

风险作业前，班组负责人严格按照风险等级开具对应的施工作业票，并履行审核签发程序。严禁无票作业。

作业票开具：一个班组同一时间只能执行一张施工作业票，一张施工作业票可包含最多一项三级及以上风险作业和多项四级、五级风险作业。同一张施工作业票中存在多个作业面时，应明确各作业面的安全监护人；对应多个风险时，应经综合选用相应的预控措施。

作业票终结：以最高等级的风险作业为准，未完成的其他风险作业延续到后续作业票。

需注意的是：作业票包含多项风险时，按其中最高的风险等级确定作业票种类，一张施工作业票使用时间不得超过 30 天，如需超过则应重新办票。

3. 创建作业票流程

（1）根据对应风险，选择作业类型、工序、作业部位、作业票名称信息后，进入作业票填写页面；允许选择多个作业类型展现不同工序不同作业部位，合并开票。

（2）按要求填写施工班组名称、复测后风险等级、计划开始和结束时间、执行方案名称、选择安全监护人、选择技术员和其他施工人员等信息，根据现场实际情况，勾选作业必备条件，填写完成后即可预览作业票；

（3）作业票填写完成点击保存后，可在"基建移动应用（e 基建）"首页－待办－待提交中进行查看，班组负责人在待办列表中可对待提交的作业票进行删除或者修改操作。

（4）作业过程风险管控措施可以进行手动编辑。

（5）填写完整作业票信息后提交审核，可通过流程图跟踪作业票签审情况。

4. 风险作业过程管控

班组负责人在每日作业前，应对当日风险进行复核、检查作业必备条件及当日控制措施落实情况。

风险作业过程中，班组负责人在风险作业实施过程中要对风险进行全程控制。班组安全员必须专职从事安全管理或监护工作，不得从事其他作业。作业人员应严格执行风险控制措施，遵守现场安全作业规章制度和作业规程，服从管理，正确使用安全工器具和个人安全防护用品。

🔍 知识延伸

《输变电工程建设施工安全风险管理规程》（Q/GDW 12152—2021）7.1～7.8 条 四、五级风险作业按附录 D 填写输变电工程施工作业 A 票，由班组安全员、技术员审核后，项目总工签发；三级及以上风险作业按附录 D 填写输变电工程施工作业 B 票，由项目部安全员、技术员审核，项目经理签发后报监理审核后实施。涉及二级风险作业的 B 票还需报业主项目部审核后实施。填写施工作业票，应明确施工作业人员分工。

一个班组同一时间只能执行一张施工作业票，一张施工作业票可包含最多一项三级及以上风险作业和多项四级、五级风险作业，按其中最高的风险等级确定作业票种类。作业票终结以最高等级的风险作业为准，未完成的其他风险作业延续到后续作业票；同一张施工作业票中存在多个作业面时，应明确各作业面的安全监护人；同一张作业票对应多个风险时，应综合选用相应的预控措施。

任务 3.3 作业人员管理

班组人员培训应实行分类分级培训与管理，班组骨干每两年参加省级公司统一组织的培训、考试，合格后由省公司发布上岗；其他人员应由施工单位对其实操能力进行核定，每四年参加一次省级公司统一组织的培训、考试，合格后纳入实名制管控后上岗。

班组负责人每周组织班组全员进行安全学习，学习上级有关输变电工程建设安全的规程、规定、制度及安全施工措施，并形成《班组安全活动记录》，同时负责新进人员和变换工种人员上岗前的班组级安全教育，并记录在班组日

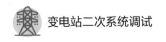

志中。

工程开工后严禁非实名制人员参加施工作业。特种作业人员、特殊设备操作人员应取得国家有关部门颁发的资格证书且在有效期内方可上岗作业。

100%配备通过统一岗前培训考试合格的作业层班组骨干和线路作业层班组人员，落实班组标准化建设要求，确保班组日常管理有序。

严格按照设计和施工方案开展施工作业，做到"五不作业"（作业人员未经准入不作业、管理人员未到岗履职不作业、作业条件不具备不作业、安全措施未落实不作业、无作业票不作业）。

遇突发情况，第一时间上报施工项目部，做到及时响应。

🔍 知识延伸

《国家电网有限公司输变电工程建设安全管理规定》[国网（基建/2）173—2021]第三十四条　作业层班组人员参加岗前培训考试合格后方可上岗。班组骨干应由施工单位或其上级单位对其实操能力进行核定，每两年参加公司统一组织的培训、考试合格后由省公司发布后方可上岗。班组其他人员应由施工单位对其实操能力进行核定，每四年参加一次公司统一组织的培训、考试合格后纳入实名制管控后方可上岗。

《国家电网有限公司输变电工程建设安全管理规定》[国网（基建/2）173—2021]第四十条　特种作业人员、特殊设备操作人员应取得国家有关部门颁发的资格证书且在有效期内方可上岗作业。

任务 3.4　作业层班组管理

作业层班组合格是工程开工必备条件，合格作业层班组应满足的条件：进场班组人员应满足准入条件，班组骨干和班组成员应相互熟悉、完成磨合，班组驻地应具备管理条件，安全防护用具、施工机具等装备应由施工单位（或专业分包单位）足额配备并检验合格。

工程开工后，各级管理单位定期对班组进行核查，及时按照不合格班组的表现形式，对能力、身份、组织、准入、装备等不符合要求的不合格班组进行清退。

班组应建立施工机具领用及退库台账，同时建立日常管理台账，每日作业前应进行施工机具安全检查。

🔍 知识延伸

《国家电网有限公司关于全面加强基建施工作业单元管控长效机制建设的通知》（国家电网基建〔2020〕625号） 不合格作业层班组的主要表现形式（包括但不限于）：

（1）能力不符合要求：班组骨干没有足够的工作经历，不懂作业要求，交规式安全考试不合格。

（2）身份不符合要求：班组骨干在现场从事与其职责不相符的工作，或是施工单位开工前方以签订用工合同方式临时确定，实际与分包人员是一个包工队。

（3）组织不符合要求：班组骨干与核心分包人员相互不熟悉，作业现场严重违背强制措施，班组骨干在班组人员作业前不能到场或在班组人员作业完成前已离开现场。

（4）准入不符合要求：班组人员未纳入"基建移动应用（e基建）"管控，未经准入进入作业现场。

（5）装备不符合要求：班组安全防护用品、使用的主要工器具或材料非施工单位（或专业分包单位）提供，或提供了班组不使用。

任务 3.5 输变电工程施工安全强制措施

班组应严格执行公司输变电工程施工安全强制措施。按照"技术员懂计算、安全员会验收、负责人能禁止"的原则，对拆除、超长抱杆、深基坑、索道、水上作业、反向拉线、不停电跨越、近电作业等八类作业和特殊气象环境、特殊地理两种条件下的关键工况的高危环节进行全过程管控。

🔍 知识延伸

《国网基建部关于印发输变电工程建设施工安全强制措施（2021年修订版）的通知》（基建安质〔2021〕40号）

"三算"：一是拉线必须经过计算校核；二是地锚必须经过计算校核；三是临近带电体作业安全距离必须经过计算校核。

"四验"：一是拉线投入使用前必须通过验收；二是地锚投入使用前必须通过验收；三是索道投入使用前必须通过验收；四是组塔架线作业前地脚螺栓必须通过验收。

"五禁止"：一是有限空间作业，禁止不满足通风及安全防护要求开展作业；二是组塔架线高空作业，禁止不使用攀登自锁器及速差自控器；三是乘坐船舶或水上作业，禁止不穿戴救生装备；四是紧断线平移导线挂线，禁止不交替平移子导线；五是杆塔组立起立抱杆作业，禁止使用正装法。

任务 3.6 安全事故报告和调查处理

现场发生安全生产事故后，班组人员应逐级如实上报至本单位负责人，单位负责人接到事故报告后应迅速采取有效措施，组织抢救，防止事故扩大，减少人员伤亡和财产损失。不得隐瞒不报、谎报或者迟报，不得故意破坏事故现场、毁灭有关证据。

根据生产安全事故造成的人员伤亡或者直接经济损失，事故一般分为以下等级（"以上"包括本数，"以下"不包括本数）：

（1）特别重大事故，是指造成 30 人以上死亡，或者 100 人以上重伤（包括急性工业中毒，下同），或者 1 亿元以上直接经济损失的事故。

（2）重大事故，是指造成 10 人以上 30 人以下死亡，或者 50 人以上 100 人以下重伤，或者 5000 万元以上 1 亿元以下直接经济损失的事故。

（3）较大事故，是指造成 3 人以上 10 人以下死亡，或者 10 人以上 50 人以下重伤，或者 1000 万元以上 5000 万元以下直接经济损失的事故。

（4）一般事故，是指造成 3 人以下死亡，或者 10 人以下重伤，或者 1000 万元以下直接经济损失的事故。

🔍 知识延伸

《中华人民共和国安全生产法》第八十三条 生产经营单位发生生产安全事故后，事故现场有关人员应当立即报告本单位负责人。单位负责人接到事故报告后，应当迅速采取有效措施，组织抢救，防止事故扩大，减少人员伤亡和财产损失，并按照国家有关规定立即如实报告当地负有安全生产监督管理职责的部门，不得隐瞒不报、谎报或者迟报，不得故意破坏事故现场、毁灭有关证据。

《中华人民共和国安全生产法》第八十五条 有关地方人民政府和负有安全生产监督管理职责的部门的负责人接到生产安全事故报告后，应当按照生产安全事故应急救援预案的要求立即赶到事故现场，组织事故抢救。参与事故抢救的部门和单位应当服从统一指挥，加强协同联动，采取有效的应急救援措施，并根据事故救援的需要采取警戒、疏散等措施，防止事故扩大和次生灾害的发生，减少人员伤亡和财产损失。

任务 3.7 应急管理要求

事故发生后，班组负责人立即下令停止作业，即时向项目负责人汇报突发事件发生的原因、准确报告事故情况、配合开展应急处置工作，防止事故扩大，减轻事故损害。

班组人员应参加项目部组织的应急管理培训，全员学习紧急救护法，会正确解脱电源，会心肺复苏法，会止血、会包扎，会转移搬运伤员，会处理急救外伤或中毒等。

发生事故后，班组负责人应立即向本单位现场负责人报告，上报时间不得超过 1 小时，班组负责人在救援过程中应严格按照项目部制定的应急处置方案及应急演练流程进行现场救援，不得盲目施救，避免事故扩大。

🔍 **知识延伸**

《施工作业层班组建设标准化手册》（基建安质〔2021〕26 号）

（1）突发事件发生后，班组人员应立即向班组负责人报告，班组负责人立即下令停止作业，即时向项目负责人汇报突发事件发生的原因、地点和人员伤亡等情况。

（2）班组负责人在项目部应急工作组的指挥下，在保证自身安全的前提下，组织应急救援人员迅速开展营救并疏散、撤离相关人员，控制现场危险源，封锁、标明危险区域，采取必要措施消除可能导致次（衍）生事故的隐患，直至应急响应结束。

（3）应急救援人员实施救援时，应当做好自身防护，佩戴必要的呼吸器具、救援器材。

（4）应急处置过程中，如发现有人身伤亡情况，要结合人员伤情程度，对照现场应急工作联络图，及时联系距事发点最近的医疗机构（至少两家），分别送往救治。

🔍 **知识延伸**

《国家电网有限公司安全事故调查规程》第 6.1 条 各单位发生事故后，事故现场有关人员应当立即向本单位现场负责人或者电力调度机构值班人员报告。有关人员接到报告后，应当立即向本单位负责人、相关部门和安全监督部门即时报告。情况紧急时可越级报告。

《国家电网有限公司安全事故调查规程》第6.2.1条　发生人身事故，安排作业的单位、伤亡人员所在单位、事故场所运维单位等的有关人员及其单位负责人均有责任即时报告；发生基建人身事故，建设管理单位、监理单位、施工单位等的有关人员及其单位负责人均有责任即时报告。

《国家电网有限公司安全事故调查规程》第6.3.5条　每级上报的时间不得超过1小时。

《国家电网有限公司安全事故调查规程》第6.10条　任何单位和个人不得擅自发布事故信息。

模块二　输变电工程建设质量管理基础

|项目一　法律法规相关要求|

任务 1.1　班组质量管理相关法律法规要求

施工企业在施工过程中必须按照工程设计图纸和施工技术标准施工，不得擅自修改工程设计，不得偷工减料或使用不合格的建筑材料。

班组任何人对建筑工程的质量事故、质量缺陷都有权向建设行政主管部门或者其他有关部门进行检举、控告、投诉。

建筑施工企业有违反《中华人民共和国建筑法》的质量行为，构成犯罪的依法追究刑事责任。

🔍 知识延伸

《中华人民共和国建筑法》第五十八条　建筑施工企业对工程的施工质量负责。建筑施工企业必须按照工程设计图纸和施工技术标准施工，不得偷工减料。工程设计的修改由原设计单位负责，建筑施工企业不得擅自修改工程设计。

《中华人民共和国建筑法》第五十九条　建筑施工企业必须按照工程设计要求、施工技术标准和合同的约定，对建筑材料、建筑构配件和设备进行检验，不合格的不得使用。

《中华人民共和国建筑法》第六十三条　任何单位和个人对建筑工程的质量事故、质量缺陷都有权向建设行政主管部门或者其他有关部门进行检举、控告、投诉。

《中华人民共和国建筑法》第七十二条　建设单位要求建筑设计单位或者建

筑施工企业违反建筑工程质量、安全标准，降低工程质量的，责令改正，可以处以罚款；构成犯罪的，依法追究刑事责任。

《中华人民共和国建筑法》第七十四条 建筑施工企业在施工中偷工减料的，使用不合格的建筑材料、建筑构配件和设备的，或者有其他不按照工程设计图纸或者施工技术标准施工的行为的，责令改正，处以罚款；情节严重的，责令停业整顿，降低资质等级或者吊销资质证书；造成建筑工程质量不符合规定的质量标准的，负责返工、修理，并赔偿因此造成的损失；构成犯罪的，依法追究刑事责任。

《中华人民共和国建筑法》第八十条 在建筑物的合理使用寿命内，因建筑工程质量不合格受到损害的，有权向责任者要求赔偿。

任务 1.2 班组质量管理责任

施工单位应当建立健全质量检验制度，并按相关要求实施检验工作，对于涉及结构安全的试件应严格按要求，在建设单位或者工程监理单位监督下现场取样送检。施工单位应严格控制工序管理，做好隐蔽工程的报验、质量检查和记录。施工单位还应建立培训制度，对作业人员严格培训，作业人员经培训合格才能上岗。

发生质量事故后，根据事故性质有关部门按《建设工程质量管理条例》规定对责任单位给予处罚。发生重大工程质量事故隐瞒不报、谎报或者拖延报告期限的，对直接负责的主管人员和其他责任人员依法给予行政处分。因降低质量标准造成重大安全事故的，追究直接责任人刑事责任。

🔍 知识延伸

《建设工程质量管理条例》第二十九条 施工单位必须按照工程设计要求、施工技术标准和合同约定，对建筑材料、建筑构配件、设备和商品混凝土进行检验，检验应当有书面记录和专人签字；未经检验或者检验不合格的，不得使用。

《建设工程质量管理条例》第三十条 施工单位必须建立、健全施工质量的检验制度，严格工序管理，做好隐蔽工程的质量检查和记录。隐蔽工程在隐蔽前，施工单位应当通知建设单位和建设工程质量监督机构。

《建设工程质量管理条例》第三十一条 施工人员对涉及结构安全的试块、

试件以及有关材料，应当在建设单位或者工程监理单位监督下现场取样，并送具有相应资质等级的质量检测单位进行检测。

《建设工程质量管理条例》第三十二条　施工单位对施工中出现质量问题的建设工程或者竣工验收不合格的建设工程，应当负责返修。

《建设工程质量管理条例》第三十三条　施工单位应当建立、健全教育培训制度，加强对职工的教育培训；未经教育培训或者考核不合格的人员，不得上岗作业。

《建设工程质量管理条例》第五十二条　建设工程发生质量事故，有关单位应当在24小时内向当地建设行政主管部门和其他有关部门报告。对重大质量事故，事故发生地的建设行政主管部门和其他有关部门应当按照事故类别和等级向当地人民政府和上级建设行政主管部门和其他有关部门报告。

特别重大质量事故的调查程序按照国务院有关规定办理。

《建设工程质量管理条例》第五十三条　任何单位和个人对建设工程的质量事故、质量缺陷都有权检举、控告、投诉。

《建设工程质量管理条例》第六十五条　违反本条例规定，施工单位未对建筑材料、建筑构配件、设备和商品混凝土进行检验，或者未对涉及结构安全的试块、试件以及有关材料取样检测的，责令改正，处10万元以上20万元以下的罚款；情节严重的，责令停业整顿，降低资质等级或者吊销资质证书；造成损失的，依法承担赔偿责任。

《建设工程质量管理条例》第六十九条　违反本条例规定，涉及建筑主体或者承重结构变动的装修工程，没有设计方案擅自施工的，责令改正，处50万元以上100万元以下的罚款；房屋建筑使用者在装修过程中擅自变动房屋建筑主体和承重结构的，责令改正，处5万元以上10万元以下的罚款。

《建设工程质量管理条例》第七十条　发生重大工程质量事故隐瞒不报、谎报或者拖延报告期限的，对直接负责的主管人员和其他责任人员依法给予行政处分。

《建设工程质量管理条例》第一百三十七条　建设单位、设计单位、施工单位、工程监理单位违反国家规定，降低工程质量标准，造成重大安全事故的，对直接责任人员处五年以下有期徒刑或者拘役，并处罚金；后果特别严重的，处五年以上十年以下有期徒刑，并处罚金。

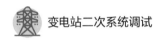
任务 1.3　输变电工程施工质量强制性措施

作业层班组在施工过程中应刚性执行质量强制性措施的要求，严格履行质量验收程序。

🔍 知识延伸

《国家电网有限公司关于进一步加强输变电工程施工质量验收管理的通知》（国家电网基建〔2020〕509 号）

刚性执行质量检测要求（"五必检"）：一是铁塔组立或建（构）筑物主体结构施工前，基础混凝土强度必须进行第三方质量检测，且符合设计强度要求；二是线路架线前，地脚螺栓和铁塔螺栓紧固必须进行质量检测，且符合设计紧固力矩和防松、防卸要求；三是导地线压接必须进行质量检测，且符合技术标准和公司反事故措施要求；四是设备材料接收前，必须进行进场质量检测，且符合物资供货合同和技术标准要求；五是电气设备、电缆接头安装前，作业环境必须进行检测，且符合技术标准和施工方案要求；必须布设视频监控终端，实现作业行为远程监测。

严格履行质量验收程序（"六必验"）：一是甲供物资进场时，总监理工程师必须组织"五方"联合验收，合格后方可签证接收；二是线路基础、杆塔转序时，总监理工程必须组织分部工程验收，合格后方可转入组塔、架线阶段；三是变电土建转序时，建设单位必须组织交接验收，合格后方可转入电气安装阶段；四是电气设备内部检查时，专业监理工程师必须组织隐蔽工程验收，合格后方可进行设备封盖；五是电气设备带电前，建设单位必须组织验收，逐项核查交接试验情况，全部合格后方可开展系统调试；六是消防设施施工完毕且经建设单位自检合格后，必须报政府主管部门消防验收（备案抽查），收到验收合格意见（备案凭证）后，方可开展启动验收。

任务 1.4　质量事件等级划分及报告制度

质量事件体系由工程、物资、运检、电能、服务五类质量事件组成，分为一～八级。

事件发生后，应立即启动即时报告制度。

🔍 知识延伸

《国家电网公司关于印发〈国家电网公司质量事件调查管理办法〉的通知》（国家电网企管〔2016〕648号）　质量事件体系由工程、物资、运检、电能、服务五类质量事件组成，分为一至八级。

工程质量事件是指在工程设计、施工安装、工程验收、检测调试等过程中，违反相关法律法规、制度标准、合同规定或管理要求，造成经济损失、工期延误、设计功效降低、危及电网安全运行等情况的事件。

物资质量事件是指在物资采购、制造、监造（抽检）、运输、存放、保管、验收等过程中，违反相关法律法规、制度标准、合同规定或管理要求，致使物资性能不满足既定参数标准、规范及合同有关规定，造成设备设施缺损、经济损失、危及电网安全运行等情况的事件。

违反相关法律法规、制度标准、合同规定或管理要求的表现主要包含但不限于以下情况：

（1）在物资设计、材料选用、制造、监造、运输、存放、保管、安装调试（供应商）中存在质量问题或监管缺失。

（2）物资到货未履行相应的验收手续，或验收中未能发现应发现的质量问题。

（3）物资供应进度滞后。

（4）供应商未履行合同规定的相关服务条款。

（5）物资存在批量问题或家族性缺陷。

事件发生后，经初步判断与质量原因相关，事件现场有关人员应当立即向本单位现场负责人报告。现场负责人接到报告后，应立即向本单位负责人和质量监督部门等相关人员报告。

情况紧急时，事件现场有关人员可以直接向本单位负责人报告。

质量事件报告应及时、准确、完整，任何单位、部门和个人对质量事件不得迟报、漏报、谎报或者瞒报。任何单位、部门和个人不得阻挠和干涉对质量事件的报告和调查处理。

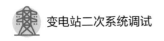

|项目二 质 量 管 理 流 程|

任务 2.1 工程建设质量管理流程

工程建设质量管理流程见图 2-1。

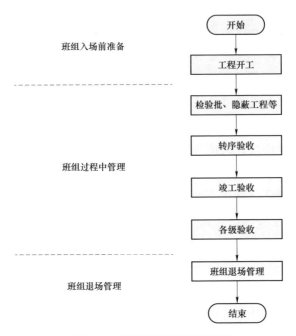

图 2-1 工程建设质量管理流程

任务 2.2 班组入场前准备

合理配置班组成员，参与方案编制及技术交底，了解参建工程质量通病及相关防治措施，熟知标准工艺及绿色施工相关要求，明确质量关键工序视频管控要求。

任务 2.3 班组过程中管理

做好原材送检、检验批自检、隐蔽工程提前告知、配合验收工作；根据项目要求落实好各项质量通病防治措施，使用典型施工方法，积极提升绿色施工智能化水平，配合做好质量关键工序视频监督检查工作。

任务 2.4　班组退场管理

班组退场前做好自检，得到管理方同意后方可退场。

|项目三　质量管理关键点|

任务 3.1　质量管理要求

明确分包合同签订时确定的工作内容及质量责任和义务（含档案资料）、工程质量目标、创优目标、质量违约责任、保修责任和期限等相关要求；通过项目部组织的交底会议，了解工程施工组织策划、创优策划、专项施工等方面的相关技术标准要求；明确参建工程质量管理流程。

任务 3.2　施工前准备

作业层班组人员有严格的准入标准，不合格人员不允许入场作业，一旦入场将进行全程信息化管理，从培训、信息上报、工资发放、违章信息方面进行全过程管控，不合格班组应及时清退。施工中应严格质量管控，前一工序验收并处理完所有缺陷，取得验收合格明确结论后，方可进入下一工序作业，严禁前一工序实体质量不合格即开展后续作业，防止因质量缺陷引发安全事故。

🔍 知识延伸

《国家电网有限公司关于全面加强基建施工作业单元管控长效机制建设的通知》（国家电网基建〔2020〕625号）明确班组人员准入标准。对作业层班组成员分类分级管理，把好入口关，防止不合格人员入场作业。工程开工后，新入场的班组也应经核查合格后方可准入。合格的作业层班组应满足的条件包括：进场班组人员应满足准入条件，班组骨干和班组成员应相互熟悉、完成磨合，班组驻地应具备管理条件，安全防护用具、施工工机具等装备应由施工单位（或专业分包单位）足额配备并检验合格。

工程转序施工前，应按照开工准入模式和要求，对参与作业的班组（含同时实施上、下工序施工的班组）进行核查，合格后方可进入下一工序施工，确

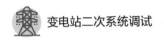

保工程转序前后作业单元始终处于受控状态。

强化转序阶段质检验收。前一工序验收并处理完所有缺陷，取得验收合格明确结论后方可进入下一工序作业，严禁前一工序实体质量不合格即开展后续作业，防止因质量缺陷引发安全事故。

任务 3.3 质量通病防治、标准工艺、绿色施工措施

班组骨干通过参与项目交底，班组成员参与班级交底，充分了解工程可能出现的质量通病，严格按照施工项目部要求进行质量通病防治，发现问题及时整改。班组在施工过程中应积极引用标准工艺，在满足行业标准的同时，精益求精，促使工程建设质量达到标准工艺标准。

🔍 知识延伸

严格执行工程建设标准强制性条文，全面实施标准工艺，落实质量强制措施及质量通病防治措施，通过数码照片等管理手段严格控制施工全过程的质量和工艺，及时对质量缺陷进行闭环整改。

《国家电网有限公司关于全面推进输变电工程绿色建造的指导意义》（国家电网基建〔2021〕367号）输变电工程绿色施工应坚持以人为本，鼓励对传统施工工艺进行绿色化升级革新，积极应用先进工法，提高机械化应用水平和应用率，改善作业条件。推进绿色施工保护环境。积极应用施工扬尘控制、封闭降水及水收集综合利用、施工噪声控制等新技术。推广应用装配化施工工艺、干式施工工法及集成模块化部品部件，优先选用绿色材料，规范废弃物处理方式。推进绿色施工节约资源。积极采用精益化施工组织方式，减少资源的消耗与浪费。减少施工现场和临时用地的地面硬化，充分利用再生材料或可周转材料。推进绿色施工智能管控。按照项目要求，应用绿色施工在线监测评价技术，以数字化的方式对施工现场各项绿色施工指标数据进行实时监测，实现自动记录、统计、分析、评价和预警。

任务 3.4 质量关键工序视频监督检查要求

设备安装调试关键环节的"可视化"作为施工单位工程开工报审的必要条件。作业层班组应配合施工单位负责落实公司各项视频管控要求，合格规范布设视频摄像头。配合视频抽查工作并对抽查问题及时整改回复。

🔍 知识延伸

《输变电工程质量视频管控工作手册》 施工单位负责落实公司各项视频管控要求，合格规范布设视频摄像头，固定式摄像头应能覆盖设备安装总体平面布置，移动式摄像机应能清晰监控作业人员、设备和机械，并保证视频信号上传稳定顺畅。每日在"e基建"日报中填写变电工程主要电气设备到货、安装、调试、投运和故障情况。配合公司、省公司级等视频抽查，对检查问题进行整改回复。

变电（电缆）工程质量视频管控重点针对 35～750kV 变电工程主要电气设备、110（66）kV 电缆工程现场安装调试的关键环节开展视频检查，包括主变压器（含高压电抗器、换流变压器）、GIS（HGIS）、断路器、其他主设备、高压电力电缆 5 大类 22 个安装调试质量关键环节。

任务 3.5 工程过程中质量管理

班组应配合做好原材料送检工作；过程中做好检验批的自检，关键部位、关键工序施工前 48h 旁站告知（监理旁站方案）、隐蔽工程提前告知工作；在各级验收中，需做好质量问题的配合整改工作。

🔍 知识延伸

《国家电网有限公司关于进一步加强输变电工程施工质量验收管理的通知》（国家电网基建〔2020〕509 号） 输变电工程质量验收应在施工单位施工完毕、自检合格的基础上进行，依次开展检验批验收、分项工程验收、分部工程验收和单位工程验收。所有检验批经验收合格，质量验收记录齐全、完整后，方可开展分项工程验收。所有分项工程经验收合格，质量控制资料齐全、完整后，方可开展分部工程验收。所有分部工程经验收合格，质量控制资料齐全、完整后，方可开展单位工程验收。所有单位工程经验收合格后，工程方可开展启动验收。建设单位负责单位工程验收，组织运行、勘察、设计、监理、施工、调试及物资供应管理等单位（部门）相关人员开展验收。监理单位负责分部、分项工程及检验批验收。分部工程由总监理工程师组织施工项目经理、总工等进行验收。分项工程由专业监理工程师组织施工项目总工等进行验收。检验批由专业监理工程师组织施工项目部质检员、班组负责人等进行验收。各级质量验

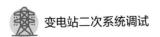

收负责人实行"实名制"备案,责任终身追溯。

各级验收人员要严格执行国网清单要求,到工程现场对实体质量进行实测实量,实时记录验收数据,确保实测实量项目完整、标准准确、过程规范及数据真实,提升质量验收水平及深度,把好质量验收出口关。建设、监理、施工单位要严格执行《输变电工程质量验收实测实量项目清单》要求,依法依规委托具有相应资质的第三方检测机构开展质量检测工作。质量检测试样的取样应在监理单位的见证下现场取样,确保其真实性。检测机构完成检测业务后,应及时提供经检测人员签字、加盖检测专用章的有效检测报告。严禁篡改、伪造或出具虚假检测报告。

隐蔽工程实施隐蔽前 48h 书面通知监理项目部对隐蔽工程进行验收。配合各级质量检查、质量监督、质量竞赛、质量验收(含消防设施)等工作,对存在的质量问题认真整改。

任务 3.6 班组退场管理

班组退场前应对合同范围内的工作做好梳理、自检,做到"工完、料尽、场地清",确保达到工程质量标准,得到管理方同意后方可退场。

模块三　施工作业层班组标准化建设及管理

| 项目一　作业层班组建设标准 |

任务 1.1　班组建设标准

1. 班组基本岗位设置

原则上，班组均应设置班组负责人、班组安全员、班组技术员等岗位；现场作业人员可按专业设置高空作业、起重操作与指挥、电工、焊接、测量、机械操作（如绞磨操作、牵张机操作等）、压接作业等关键技术岗位，其余均为一般作业岗位。

2. 班组基本组织架构

班组组建应采取"班组骨干+班组技能人员+一般作业人员"模式，其中班组骨干为班组的负责人、安全员和技术员，班组技能人员包含核心分包人员，一般作业人员包含一般分包人员。班组在实际作业过程中，如需安排班组成员进行其他作业（如运输），班组负责人需指定作业面监护人，并在每日站班会记录中予以明确。班组负责人必须对同一时间实施的所有作业面进行有效掌控，一个班组同一时间只能执行一项三级及以上风险作业。

3. 变电班组组建原则

变电班组可由施工单位结合实际采取柔性建制模式或流水作业模式组建。

（1）变电柔性作业层班组建设原则。在同一个变电站区域内，至少应有一个班组，下设若干作业面，班组负责人需在每个作业面指定作业面监护人，并

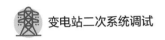

在每日站班会记录中予以明确。根据工程进度和专业施工情况，可由项目部主导对班组进行柔性整合或分建，确保所有作业点的安全质量管控。

（2）变电流水作业层班组建设原则。施工单位结合自身实际，组建稳定的成建制的专业化作业班组，如桩基作业班组、混凝土作业班组、砌筑作业班组、装修装饰作业班组、钢结构安装作业班组、电气安装一次作业班组、电气安装二次作业班组、调试作业班组等。变电站内实施流水作业，项目部组织相关专业化班组按施工进度依次进退场，完成施工作业。

思考题

1. 多选题：原则上作业层班组均应设置（　　）等岗位。

A. 班组负责人   B. 班组安全员

C. 班组技术员   D. 班组管理员

答案： ABC

2. 判断题：班组组建应采取"班组骨干＋班组技能人员＋一般作业人员"模式。　　　　　　　　　　　　　　　　　　　　　　　　（　　）

答案： 正确

3. 判断题：对于三级及以上的风险作业点施工，班组骨干人员无须全程到位指挥、监护。　　　　　　　　　　　　　　　　　　　　（　　）

答案： 错误

正确答案： 对于三级及以上的风险作业点施工，班组骨干人员须全程到位指挥、监护。

任务 1.2　作业层班组岗位职责

1. 班组负责人

（1）负责班组日常管理工作，对施工班组（队）人员在施工过程中的安全与职业健康负直接管理责任。

（2）负责工程具体作业的管理工作，履行施工合同及安全协议中承诺的安全责任。

（3）负责执行上级有关输变电工程建设安全质量的规程、规定、制度及安全施工措施，纠正并查处违章违纪行为。

（4）负责新进人员和变换工种人员上岗前的班组级安全教育，确保所有人经过安全准入。

（5）组织班组人员开展风险复核，落实风险预控措施，负责分项工程开工前的安全文明施工条件检查确认。

（6）掌握"三算四验五禁止"安全强制措施内容，对作业中涉及的"五禁止"内容负责。

（7）负责"e基建"中"日一本账"计划填报；负责使用"e基建"填写施工作业票，全面执行经审批的作业票。

（8）负责组织召开每日站班会，作业前进行施工任务分工及安全技术交底，不得安排未参加交底或未在作业票上签字 的人员上岗作业。

（9）配合工程安全、质量事件调查，参加事件原因分析，落实处理意见，及时改进相关工作。

2. 班组安全员

（1）负责组织学习贯彻输变电工程建设安全工作规程、规定和上级有关安全工作的指示与要求。

（2）协助班组负责人进行班组安全建设，开展安全活动。

（3）掌握"三算四验五禁止"安全强制措施内容，对作业中涉及的"四验"内容负责。

（4）负责施工作业票班组级审核，监督经审批的作业票安全技术措施落实。

（5）负责审查施工人员进出场健康状态，检查作业现场安全措施落实，监督施工作业层班组开展作业前的安全技术措施交底。

（6）负责施工机具、材料进场安全检查，负责日常安全检查，开展隐患排查和反违章活动，督促问题整改。

（7）负责检查作业场所的安全文明施工状况，督促班组人员正确使用安全防护用品和用具。

（8）参加安全事故调查、分析，提出事故处理初步意见，提出防范事故对策，监督整改措施的落实。

3. 班组技术员

（1）负责组织班组人员进行安全、技术、质量及标准工艺学习，执行上级有关安全技术的规程、规定、制度及施工措施。

（2）掌握"三算四验五禁止"安全强制措施内容，对作业中涉及的"三算"

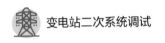

内容负责。

（3）负责本班组技术和质量管理工作，组织本班组落实技术文件及施工方案要求。

（4）参与现场风险复测、单基策划及方案编制。

（5）组织落实本班组人员刚性执行施工方案、安全管控措施。

（6）负责班组自检，整理各种施工记录，审查资料的正确性。

（7）负责班组前道工序质量检查、施工过程质量控制，对检查出的质量缺陷上报负责人安排作业人员处理，对质量问题处理结果检查闭环，配合项目部组织的验收工作。

（8）参加质量事故调查、分析，提出事故处理初步意见，提出防范事故对策，监督整改措施的落实。

4. 班组其他人员

（1）自觉遵守本岗位工作相关的安全规程、规定，取得相应的资质证书，不违章作业。

（2）正确使用安全防护用品、工器具，并在使用前进行外观完好性检查。

（3）参加作业前的安全技术交底，并在施工作业票上签字。

（4）有权拒绝违章指挥和强令冒险作业；在发现直接危及人身、电网和设备安全的紧急情况时，有权停止作业。

（5）施工中发现安全隐患应妥善处理或向上级报告；及时制止他人不安全作业行为。

（6）在发生危及人身安全的紧急情况时，立即停止作业或者在采取必要的应急措施后撤离危险区域，第一时间报告班组负责人。

（7）接受事件调查时应如实反映情况。

🔍 思 考 题

多选题：下面属于班组一般作业人员安全责任的是（　　　）。

A. 积极参加入场安全教育和班前三交，熟悉作业风险点及预控措施

B. 服从管理

C. 组织作业人员安全施工

D. 正确使用安全工器具和安全防护用品开展作业

答案：ABD

任务 1.3 驻地建设

班组驻地选择应综合考虑班组人员数量、出行距离、施工机械设备、工程车辆、工程材料用量等因素，建议与属地供电公司协商，利用闲置的供电所等资源进行建设。

班组驻地应设置办公室（会议室）、员工宿舍、员工食堂、独立区域的机具材料库房等，以满足班组日常生活、食宿和工器具堆放要求。

1. 公用活动区设置

班组驻地公用活动区悬挂工程建设目标、应急联络牌、施工风险管控动态公示牌、班组骨干人员公示牌等。

2. 办公区设置

班组驻地应设置办公室（会议室），具备办公、会议召开、班组学习等条件，场地应布置合理、整洁、基本办公设施齐全。

3. 生活区设置

（1）宿舍应保持干净、整洁、卫生，确保人员休息好、生活好；被褥、被单等床上用品可统一规格。宿舍示例如图 3-1 所示。

图 3-1 宿舍示例

（2）驻地生活区应设置淋浴间，提供洗浴、盥洗设施，满足班组人员的日常洗漱需求。

4. 食堂及卫生要求

（1）员工食堂应配备不锈钢厨具、餐桌椅等设施；员工食堂应干净、整洁、卫生，符合卫生防疫及环保要求。

（2）食堂的消防设施应重点设置，储存燃气罐应单独设置存放间或安装燃气报警系统，存放间要求通风良好。

（3）食堂工作人员须取得《健康证》后方可上岗。凡患有痢疾、伤寒、病毒性肝炎等消化道传染病以及有碍于食品卫生疾病的，不得从事食堂工作。应保持良好的个人卫生，如有咳嗽、腹泻、发烧、呕吐等疾病时，应向班组负责人请假，暂离工作岗位。

（4）食堂应对食品采购、储藏、加工、出售等重要环节进行控制，做到采购食品新鲜、无污染，储藏食品无变质，加工过程科学、卫生。确保不发生食物中毒事件。

食堂及卫生要求示例见图 3－2。

图 3－2　食堂及卫生要求示例

任务 1.4　机具堆放和管理

（1）班组应设置独立的施工工具、安全工具（含绝缘工器具、防护工器具、文明施工设施）临时摆放区域，用货架摆放整齐，定置管理，标识清楚、规范，并应有防火、防潮、防虫蛀、防损坏等可靠措施。场地条件允许的，可设置独立库房对工器具和材料进行管理。

（2）进场设备材料应按分区堆放和管理，不得随意更换位置，堆放要整齐、有序、有标识。各现场材料和工器具等应表面清洁、摆（挂）放整齐、标识齐全、稳固可靠，中、小型机具露天存放应设防雨设施。

（3）设专人管理，建立工具定期检查和预防性试验台账，做到账、卡、物相符，试验报告、检查记录齐全。每月例行检查、维护，确保工具完好，发现不合格或超试验周期的应另外存放并做出禁止使用标识。

任务 1.5　消防设施

（1）易燃易爆物品、仓库、宿舍、办公区、加工区、配电箱及重要机械设备附近，按规定配备合格、有效的消防器材，并放在明显、易取处。消防器材使用标准的架、箱，应有防雨、防晒措施，每月检查并记录检查结果，定期检验，保证处于合格状态。按照相关规定，根据消防面积、火灾风险等级设置，数量配置充足。

（2）消防设施应符合《施工现场消防安全管理条例》中相关规定，按要求配备相应的消防安全器具，确保消防设施和器材的完好有效，保持消防通道畅通。

（3）宿舍、办公用房在 200m^2 以下时应配备两具 MF/ABC3 灭火器，每增加 100m^2 时，增配一具 MF/ABC3 灭火器。会议室、食堂、配电房等须单独配置两具 MF/ABC3 灭火器。材料库须单独配置四具 MF/ABC3 灭火器。

（4）灭火器应设置在位置明显和便于取用的地点。灭火器的摆放应稳固，其铭牌朝外。灭火器设置在室外时，应有相应的保护措施，并在灭火器的明显位置张贴灭火器编号标牌及使用方法。

消防设施配备见图 3-3。

图 3-3　消防设施配备

🔍 思 考 题

1. 单选题：进场设备材料应按（　　　）堆放和管理，不得随意更换位置，堆放要整齐、有序、有标识。

  A. 集中   B. 大小   C. 分区   D. 分散

答案：C

  2. 单选题：消防器材使用标准的架、箱，应有防雨、防晒措施，（   ）检查并记录检查结果，定期检验，保证处于合格状态。

  A. 每月   B. 每周   C. 每季度   D. 每年

答案：A

|项 目 二 班 组 日 常 管 理|

任务 2.1 作业前工作准备

1. 班组人员进（出）场管理

（1）工程开工前、班组全员到位后，班组负责人组织开展班组成员面部信息采集工作。依托"e 基建"对所有班组成员与作业人员信息库进行匹配，实现手机扫脸签名（现场扫脸即可转化为电子签名）。新进班组人员必须按流程及时采集入库。未按要求完成班组成员信息关联固化的，无法参加施工作业票、站班会、日常作业及考勤。班组人员全面实施实名制管控，必须在公司统一的实名制作业人员信息库中。

（2）班组核心人员及一般作业人员如需调整，应征得项目部同意；班组骨干人员如需调整，由项目部履行变更报审手续，经监理项目部审批后，及时在系统中办理人员进出场相关手续。班组施工结束，需经项目部同意，在"e 基建"中履行退场手续，否则无法在其他工程录入关联信息。

2. 入场培训

班组所有作业人员均需参加公司统一的安规准入考试，合格后方可上岗。凡增补或更换作业人员，根据其岗位，在上岗前必须通过相应安全教育考试，入场考试不合格的作业层班组人员严禁进入施工现场进行作业。

3. 进场培训

（1）班组所有作业人员均需通过岗前培训考试，准入考试不替代岗前培训考试。

（2）对工艺标准，相关安全质量事故进行学习。

（3）工程开工、转序、新班组入场前，由监理对培训情况进行核实，岗前培训考试合格的班组人员方可进场开展作业。

4. 过程培训

（1）班组全员应参加项目部组织开展的安全教育培训、安全日学习、岗位练兵活动，提高自身的安全意识、安全操作技能和自我保护能力。所有作业人员应学会自救互救方法、疏散和现场紧急情况的处理，应掌握消防器材的使用方法。

（2）班组负责人组织班组全员进行安全学习，执行上级有关输变电工程建设安全质量的规程、规定、制度、安全事故及安全施工措施，并负责新进人员和变换工种人员上岗前的班组级安全教育，并记录在班组日志中。

5. 施工方案及交底

（1）班组技术员参与施工方案编写。

（2）班组骨干应参加项目部组织的安全技术及施工方案交底，清楚施工工艺、质量、安全及进度要求。

（3）班组骨干负责对班组成员施工过程的工艺、安全、质量等要求进行交底，班组级交底可通过宣读作业票实施。

🔍 思 考 题

1. 判断题：准入考试可以替代岗前培训考试。　　　　　　　　　　（　　　）

答案： 错误

2. 单选题：（　　　）负责新进人员和变换工种人员上岗前的班组级安全教育。

A. 安全员　　　　B. 班组负责人　　　C. 安全监护人　　　D. 技术员

答案： B

3. 单选题：作业层班组开展安全活动是（　　　）1 次,检查总结、安排布置安全工作。

A. 每天　　　　　B. 每周　　　　　C. 每旬　　　　　D. 每月

答案： B

任务 2.2　作业过程管理

1. 作业计划管控

（1）班组负责人根据项目部交底、施工方案及作业指导书，结合施工安全风险复测，提前在"e基建"编制施工作业票，明确人员分工、注意事项及补充控制措施，提交流转至审核人处（A 票由班组安全员、技术员审核，B 票由项目部安全员、技术员审核）。

（2）施工作业票完成线上审批流程后，班组负责人需确认作业条件。确定人员、机械设备、材料均已到位，现场无恶劣天气、民事问题等干扰因素后，一般应于作业前一天在"e基建"中发起作业许可申请，报送"日一本账"计划。确认无误后，同步推送至各级管理人员"e基建"。

（3）班组负责人要全程掌握作业计划发布、执行准备和实施情况，无计划不作业，无票不作业。

（4）作业过程中如遇极端天气、民事阻挠等情况导致停工，班组负责人可在"e基建"中进行"作业延期"，同步推送各级管理人员"e基建"。

2. 作业风险管控

（1）线路班组应配备接送人员上下班的专用载人车辆（宜租用中巴车），车辆购置或租用手续应完备，司机应检查车况，确保车况良好，年检应合格有效，车上应配备灭火器。车辆使用过程中严禁人货混装，严禁超员超载。不得通过危桥及不安全路段。

（2）每日作业前，班组负责人应复核现场作业环境，确认风险无变化后根据当日作业情况填写《每日站班会及风险控制措施检查记录》，组织班组人员召开站班会，按要求开展"三交三查"，交代当日主要工作内容，明确当日作业分工，提醒作业注意事项，落实安全防护措施。交底过程全程录音存档，所有人员在"e基建"签名。

（3）每日作业前，安全员应检查现场施工设备、机具状况，确保设备、机具状况良好，接地可靠。

（4）作业过程中，班组安全员（作业面监护人）需对涉及拆除作业、超长抱杆、深基坑、索道、水上作业、反向拉线、不停电跨越、近电作业等已经发生过的事故类似作业和特殊气象环境、特殊地理条件下的作业，严格落实安全强制措施管理要求，坚决避免触碰"五条红线"及"十不干"。

（5）班组负责人应掌握"五禁止"，安全员应掌握"四验"，技术员应掌握"三算"，应对施工质量把关。

（6）作业过程中，班组安全员（作业面监护人）需对施工现场安全风险控制措施、强制措施落实情况进行复核、检查，在作业过程中纠正班组人员的违章作业行为。

（7）三级及以上风险作业现场，班组负责人需全程到岗监督指挥，班组安全员到岗监护。

（8）三级及以上风险应实施远程视频监控，班组负责人负责按照相关规定，在合适位置设置移动远程视频监控装置。

3. 收工会及注意事项

（1）当日收工前，班组骨干组织进行自查，重点检查拉线、地锚是否牢靠，用电设备、施工工器具是否收回整理，是否做好防雨淋等保护措施；配电箱等是否已断电，杆上有无遗留可能坠落的物件，"8+2"类工况安全控制措施是否落实到位，留守看夜人员是否到位，值班棚是否牢固，是否存在煤气中毒等隐患，并对撤离人员进行清点核对（"e基建"中）。

（2）每日作业结束后，班组负责人应确认全部人员安全返回，向项目部报告安全管理情况。总结分析填写当日施工内容及进度、现场安全控制措施落实情况及次日施工安排等。

4. 安全文明施工管理

（1）班组应设置好现场安全文明施工标准化的设施，并严格按照文明施工要求组织施工。施工区域应进行围护，孔、洞应安全覆盖。

（2）发生环境污染事件后，班组负责人应立即向项目部报告，采取措施，可靠处理；当发现施工中存在环境污染事故隐患时，应暂停施工并汇报项目部。

5. 施工机械及工器具管理

（1）班组安全员负责对施工机具进行进场前检查，检查中发现有缺陷的机具应禁止使用，及时标注并向项目部申请退换。

（2）班组应建立施工机具领用及退库台账，同时建立日常管理台账，每日作业前应进行施工机具安全检查。

（3）机械设备（包括绞磨、压接机等）严禁未经培训取证人员随意操作，不可随意拆卸、更换，严格按操作规程操作。

（4）班组负责人指定专人集中保管施工机具，负责日常维护保养，对正常磨损且不能自行保养、维修的由班组向项目部提出申请进行更换及保养。

6. 班组应急管理

（1）班组应急管理要求。

1）班组所有人员应参加应急演练，参与应急救援。施工现场应配备急救器材、常用药品箱等应急救援物资，施工车辆宜配备医药箱，并定期检查其有效期限，及时更换补充。

2）班组人员应参加项目部组织的应急管理培训，全员学习紧急救护法，会正确解脱电源，会心肺复苏法，会止血、会包扎，会转移搬运伤员，会处理急救外伤或中毒等。

（2）班组应急组织流程。

1）突发事件发生后，班组人员应立即向班组负责人报告，班组负责人立即下令停止作业，即时向项目负责人汇报突发事件发生的原因、地点和人员伤亡等情况。

2）班组负责人在项目部应急工作组的指挥下，在保证自身安全的前提下，组织应急救援人员迅速开展营救并疏散、撤离相关人员，控制现场危险源，封锁、标明危险区域，采取必要措施消除可能导致次（衍）生事故的隐患，直至应急响应结束。

3）应急救援人员实施救援时，应当做好自身防护，佩戴必要的呼吸器具、救援器材。

4）应急处置过程中，如发现有人身伤亡情况，要结合人员伤情程度，对照现场应急工作联络图，及时联系距事发点最近的医疗机构（至少两家），分别送往救治。

5）配合项目部做好相关人员的安抚、善后工作。

7. 防疫要求

（1）班组负责人组织对进场人员进行实名登记，最大限度地减少现场人员流动；对所有进入现场人员一律测量体温，发烧、咳嗽等症状者禁止进入工地，如有发烧、咳嗽等症状者立即向项目部汇报。确保做到早发现、早报告、早隔离、早处置。

（2）班组需配备齐全的疫情防控物资，包括口罩、体温检测仪、消毒物资等，避免无防护措施施工作业情况发生。

（3）班组成员应尽快完成新冠疫苗接种工作。

思考题

1. 简答题：开展站班会"三交三查"主要指什么？

答："三交"指交任务、交技术、交安全；"三查"是查衣着、查三宝

（安全帽、安全带、安全网）、查精神状态。

2. 判断题：作业层班组骨干负责对领用的机械、工器具等进行日常维护保养，确保满足施工要求，并建立相应的施工机具管理台账。劳务分包队伍班组不得自带工具。　　　　　　　　　　　　　　　　　　　　　　（　　）

答案： 正确

3. 单选题：班组应急救援人员实施救援时，应当做好自身防护，佩戴必要的（　　）。

A. 安全帽　　　　　　　　　　B. 安全带

C. 安全绳　　　　　　　　　　D. 呼吸器具、救援器材

答案： D

4. 简答题：当出现发热、咳嗽应该怎么处理？

答案： 对所有进入现场人员一律测量体温，发烧、咳嗽等症状者禁止进入工地；确保做到早发现、早报告、早隔离、早处置。

5. 判断题：作业层班组如需使用船舶，应遵循水运管理部门或海事管理机构有关规定。作业层班组使用的船舶应安全可靠，船舶上应配备救生设备，并签订安全协议。　　　　　　　　　　　　　　　　　　　　　　（　　）

答案： 正确

|项目三　班组考核管理|

任务 3.1　班组考核管理

1. 施工单位对班组的考核管理

施工单位要组织制订发布班组绩效考核标准、班组内部成员考核标准，分级开展考核，建立向班组倾斜的薪酬分配体系和考核激励实施细则，将绩效与收入挂钩，坚持权、责、利对等原则。

2. 项目部对班组的考核管理

施工项目部要结合工程特点，制订班组绩效考核标准，定期对班组进行绩效考核。对照考核标准进行量化考核，考核结果将作为班组骨干薪酬分配和考核激励的重要依据。

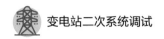

3. 考核结果的应用

班组负责人负责班组成员的绩效考核。班组负责人根据班组作业人员现场表现及违章情况，对班组成员落实人员违章积分管理，每月定期汇总积分考核情况，报送项目部。考核结果作为对班组成员薪酬分配和安全评价的重要依据。

🔍 思 考 题

单选题：班组负责人根据班组作业人员现场表现及违章情况，对班组成员落实人员违章积分管理，（   ）定期汇总积分考核情况，报送项目部。

A. 每年　　　　　B. 每季度　　　　　C. 每月　　　　　D. 每周

答案： C

模块四　二次设备安装工基本技能

|项目一　班　组　交　底|

任务 1.1　二次设备安装班组交底内容

（1）施工作业前，工作负责人根据施工图纸、设备说明书、已批准的施工方案及上级交底相关内容等资料编制施工作业票，并通过站班会宣读作业票等形式每天对全体作业人员进行交底（见图 4-1）。班组级交底记录为施工作业票及附件。

图 4-1　班组交底

（2）施工前，按规定办理施工作业票，由项目部专职安全员、技术员对施工人员进行详细的安全技术交底，明确安全监护人和被监护人的安全职责。依据作业票内容，对施工时间、施工部位、风险等级、风险预控措施、执行方案、技术措施要点等进行交底，安排人员分工，并全员签名后开展施工。

思 考 题

1. 单选题：施工作业前，由（　　　）对全体作业人员进行班组级交底。

A. 工作负责人　　　　　　　　　　B. 班组技术员

C. 班组安全员　　　　　　　　　　D. 班组长

答案：A

2. 判断题：班组级交底记录为施工作业票及附件。　　　　　（　　　）

答案：正确

|项目二　屏　柜　施　工|

任务 2.1　基础型钢复测

（1）复测前将小室内基础型钢表面泥浆、污垢等清理干净，避免影响复测精度。

（2）卷尺复测槽钢的长度与设计图纸是否相符，再测量槽钢的外沿边距应为 600mm，两根槽钢中心距离应为 520mm，且槽钢外沿与基础边缘的距离应符合设计图纸要求。测量时可取多个部位，保证两根槽钢平行间隔误差满足相关规程规范要求。

（3）将水平尺放置于相邻两个槽钢上，可以选取多个位置测量。

（4）使用水准仪及塔尺测量基础型钢的水平度。将水准仪安置在小室内后，将塔尺放置在槽钢的多个位置，用水准仪读取塔尺相应刻度,槽钢的不平度应小于 1mm/m，全长不得超过 5mm。最后测量槽钢的标高，基础型钢顶面宜高出最终地面 10～20mm。

（5）将经纬仪整平后的中心对准槽钢的中心线，调整目镜中的垂直线对准槽钢中心线,缓慢转动目镜依次从近端看向远端，目镜中的垂直线与槽钢中心线应始终重合,如有误差其不直度小于 1mm/m,全长不得超过 5mm。

(6)检查槽钢的各焊接部位,焊缝应细密无裂纹、夹渣、焊瘤、烧穿、弧坑和针状点孔等缺陷,焊接区飞溅物及焊渣应清除干净。防腐措施应美观,且焊接位置两侧 100mm 内及槽钢露出地面部分应防腐到位。

(7)槽钢与接地网应可靠连接,且槽钢与接地扁钢焊接应符合相应规范要求,扁钢焊接长度为扁钢宽度的 2 倍。

(8)在槽钢周围混凝土地面施工完成后,再对槽钢进行 1 次复测,保证最终的安装工艺。

任务 2.2 屏柜辨识与定位

1. 屏柜辨识

(1)屏柜到现场经开箱检查后,可观察屏眉处的标记,通常情况下屏眉处均有屏柜名称的标记,类似图像监控、火灾报警、GPS 时钟、电能表等屏柜标记定义清晰,易于辨识,不易于其他屏柜混淆。

(2)如到现场的为交直流屏柜,则需要进一步区分。交流屏组由 400V 交流电源屏、交流馈线屏及分段屏组成,数量为 6 面左右。通常交流屏内上部有铜排连接,且铜排各相位的安装位置有区别,故需要按照设计图纸及厂家技术资料(白图)组屏,避免铜排安装中出现问题。屏柜定位前可查阅厂家技术说明资料中的组屏图,与设计图纸核对,电源屏、馈线屏、分段屏相对位置应一致。虽然直流系统各屏没有铜排连接,但是也必须核对。

(3)因现场监控系统类屏柜数量较多,除了注意屏眉处标记外,还需仔细查阅厂家资料。部分厂家技术说明资料中有组屏图,会标注测控屏、数据通信网关屏等屏柜的对应编号,此时可根据厂家编号及设计图纸将屏柜与屏位一一对应。但是测控屏到现场时屏眉只标注为 220、110、35kV 及公用测控屏等,不会标注具体对应的线路间隔名称,因此需要注意。通常情况下相同电压等级的测控屏可以不做区分,但是需查阅设计二次接线图,如整个 220kV 测控屏只设计 1 份接线图,各线路间隔不做区分,则 220kV 测控屏柜也可不区分。如某个线路间隔测控屏单独有接线图,则可对应接线图与实际屏柜端子排图将其区分出来。

(4)现场的保护屏柜种类较多,需要仔细辨别。

1)母联保护屏、母线保护柜按电压等级划分,只要辨别屏眉处的标记即可。

如屏眉处没有明显标记，可查阅屏柜的厂家资料，并对照设计的接线图，区分出相应电压等级的母线保护柜。保护及信息管理子站屏通常仅此 1 面，比较具有易于区分。故障录波器屏分为 220、110kV、主变压器故障录波，如屏眉处有标记则易于辨别。如果没有，则需仔细查阅厂家说明资料与设计接线图，予以区分。

2）线路保护屏柜也是按照电压等级区分，但是线路保护到现场时屏眉只标注为 220、110kV 线路保护屏，不会标注具体对应的线路间隔名称，因此需要再次辨别。区分 220kV 线路保护屏时，如单个 220kV 线路间隔保护屏组 1 面屏，先可观察屏柜上保护装置的型号是否相同，如相同则各线路间隔不做区分。如单个 220kV 线路间隔保护屏组 2 面屏，先按照屏柜上保护装置的型号区分出主保护和后备保护屏，通常主保护屏为××线路保护 1 柜，后备保护屏为××线路保护 2 柜。再核对主保护及后备保护装置型号是否一致，如一致，则各线路间隔不做区分。如不一致，如某 2 个线路保护屏保护装置型号为 RCS－931AM，RCS－931A，虽然都是 220kV 线路保护装置，但是对应的线路间隔肯定不同，则需进一步核对相应线路间隔保护屏设计图纸上的型号，将各个线路间隔保护屏区分出来。因为每条线路两端的变电站内保护装置型号肯定是一致的，有条件时可以核对该条线路对侧变电站内保护装置型号，确保屏柜区分正确。同样的方法可以区分 110kV 线路保护屏，但是需注意的是，可能 2 条或者多条线路间隔保护装置组 1 面屏柜，此时要仔细查看屏柜接线图，将线路保护屏柜对应的线路间隔区分出来。

（5）通信类屏柜由光传输设备屏、光纤配线屏、音频配线屏、通信电源屏组成，其中光传输设备屏、通信电源屏柜屏眉处标记清晰，通过屏内装置也易于辨别。光纤配线屏、音频配线屏通常到现场时为空屏柜，往往屏眉处也无标记，区分时要主要观察屏柜内留有多个分层明显的空装置位置，则为光纤配线屏；如有音频配线单元安装位置的则为音频配线屏。

2. 屏柜定位

（1）屏柜的位置按照变电站设计图纸中的二次设备室屏位布置图来进行布置，通常图纸中将屏位标注为 1P、2P、××P，而在屏柜用途一览表中则标明每个屏位对应的屏柜，如图 4－2 和表 4－1 所示。

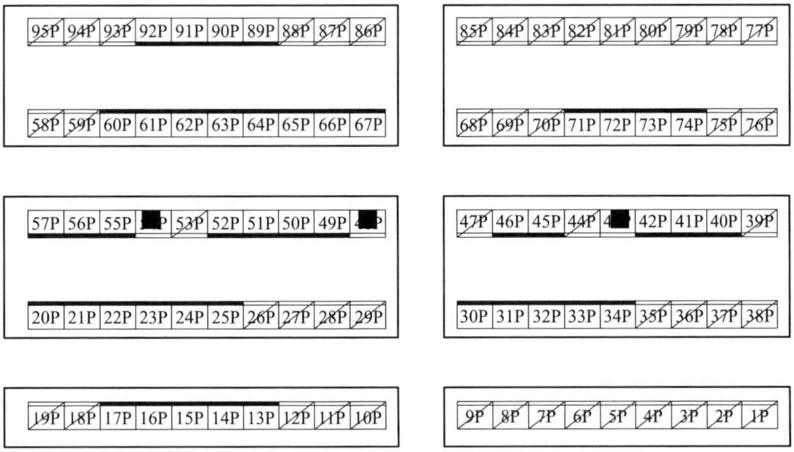

| 95P | 94P | 93P | 92P | 91P | 90P | 89P | 88P | 87P | 86P |

| 58P | 59P | 60P | 61P | 62P | 63P | 64P | 65P | 66P | 67P |

| 85P | 84P | 83P | 82P | 81P | 80P | 79P | 78P | 77P |

| 68P | 69P | 70P | 71P | 72P | 73P | 74P | 75P | 76P |

| 57P | 56P | 55P | ■ | 53P | 52P | 51P | 50P | 49P | 4■ |

| 20P | 21P | 22P | 23P | 24P | 25P | 26P | 27P | 28P | 29P |

| 47P | 46P | 45P | 44P | 4■ | 42P | 41P | 40P | 39P |

| 30P | 31P | 32P | 33P | 34P | 35P | 36P | 37P | 38P |

| 19P | 18P | 17P | 16P | 15P | 14P | 13P | 12P | 11P | 10P |

| 9P | 8P | 7P | 6P | 5P | 4P | 3P | 2P | 1P |

图 4-2 二次设备室屏位布置图

表 4-1 屏 柜 用 途 一 览 表

屏号	名称	型式	数量	备注
1P	3 号主变压器保护 A 柜		1	预留
2P	3 号主变压器保护 B 柜		1	预留
3P	3 号主变压器测控柜		1	预留
4P	1 号主变压器测控柜		1	
5P	1 号主变压器保护 A 柜		1	
6P	1 号主变压器保护 B 柜		1	
7P	1 号主变压器保护 C 柜		1	
8P～12P	110kV 线路、母联保护测控柜		5	
13P	110kV 线路故障录波器及网络分析仪柜		1	
14P	110kV 母线保护柜		1	
4P～16F	220kV 线路测控柜		3	
17P～19P	220kV 线路保护柜		3	
	……			

（2）在屏柜安装前，技术人员可按照屏柜布置图在小室内的屏位处标注出 1P～××P 位置。在屏柜辨别完成后，可查看屏柜用途一览表，找出该屏柜的

屏位，例如，图像监控屏，设计屏位为第 23P，则标注为 23P 即可。如为 220kV 保护屏，查看屏柜用途一览表，设计屏位为 17P～19P，没有明确定义某个线路间隔保护屏的屏位，此时可查看电缆清册或者相应屏柜接线图，图纸中会显示该线路间隔保护屏为 19P，标注 19P 即可。屏柜标注完后，安装作业人员只需将屏柜对号入座即可。

任务 2.3　二次设备就位及固定

1. 屏柜就位固定

（1）控制屏、继电保护屏和自动装置屏等不宜与基础型钢焊死，一般采用螺栓固定。

（2）小室内的屏柜通常选择从同一侧端部的屏柜开始就位、固定，从而能保证每列屏柜位置均整齐一致。

（3）按安装设计图纸，确定第一面屏柜的安装位置后，在 2 根槽钢上划线作为屏柜侧边的标记线。

（4）将屏柜移开，使用吸铁电钻在槽钢的标记处钻 4 个孔，如用 M12 的螺栓，则钻 10.5mm 孔。然后使用丝锥进行攻丝。在开始攻螺纹时，尽量把丝锥放正，然后用一手压住丝锥的轴线方向，用另一手轻轻转动铰杠。当丝锥旋转 1～2 圈后，从正面或侧面观察丝锥是否和槽钢表面垂直，必要时可用角尺进行校正。转动铰杠时，操作者的两手用力要平衡，切忌用力过猛和左右晃动，否则容易将螺纹牙型撕裂和导致螺纹孔扩大及出现锥度。每次旋转铰杠，丝锥的旋进不应太多，一般以每次旋进 1/2～1 转为宜，如感到费力时，切不可强行攻螺纹，应将丝锥倒转，使切屑排除，并适当加入润滑油，可往复拧转多次。8 号槽钢的平口厚度在 5mm，因此丝锥不可攻入太深。攻螺纹结束后应将槽钢表面铁屑清理干净。

（5）将屏柜再次移动至原划线位置，调整至侧边与槽钢上的标记线重合后，可开始固定。将螺栓拧入已攻好螺孔后，先不拧紧，此时应对屏柜从正面及侧面两个方向进行找正。用磁力线锤校正屏柜的垂直度，屏、柜体垂直度误差应小于 1.5mm/m，尤其应注意屏面的轴线与槽钢平行或重合，不能扭偏。

（6）再将屏柜移动到槽钢上，固定好第 1 面屏柜后，将底座固定螺栓拧入。两面屏柜紧挨后，屏柜之间的固定螺孔应已对齐，穿入屏柜附带的内扭角螺栓，注意，屏间固定螺栓预留螺孔一般上中下有 3 个，均应穿入固定螺栓。此时先用磁力线锤校正第 2 面屏柜的垂直度，满足要求后再对两面屏柜整体进行找正，相邻两柜顶水平度误差应小于 2mm，相邻两屏柜盘面误差应小于 1mm，盘间接缝误差小于 2mm，均满足要求后方可将底座螺栓及屏间固定螺栓紧固。

（7）按照上述方法逐一固定各个屏后整体复测，成列柜顶部水平误差应小于 5mm，成列柜屏面误差应小于 5mm。

2. 端子箱就位固定

变电站内室外端子箱固定有两种方法：① 基础有预埋铁件时，加工框架放置在端子箱与基础面之间焊接固定；② 通过基础预螺栓或采用膨胀螺栓固定。通常一列端子箱应从端部开始固定，后固定的端子箱应与前一个固定的端子箱对齐，从而使成列端子箱的在同一轴线上，整齐、美观。

注意事项：

（1）第 1 个固定的屏柜找正时垂直度、屏顶水平度须严格控制。

（2）成列屏柜复测时，屏柜顶部水平误差应小于 5mm，屏面误差应小于 5mm。

（3）端子箱的箱体垂直误差应小于 1.5mm/m，且成列的端子箱应对齐，在同一轴线上。

🔍 思 考 题

1. 单选题：用水准仪读取塔尺相应刻度，基础型钢的不平度应小于（　　）mm/m，全长不得超过 5mm。

A. 0.5　　　　　　B. 1　　　　　　C. 1.5　　　　　　D. 2

答案：B

2. 单选题：基础型钢顶面宜高出最终地面（　　）mm。

A. 5　　　　　　B. 10　　　　　　C. 15　　　　　　D. 20

答案：B

3. 单选题：成列屏柜复测时，屏柜顶部水平误差应小于 5mm，屏面误差应小于（　　）mm。

A. 3　　　　　　B. 4　　　　　　C. 5　　　　　　D. 6

答案：C

4. 单选题：端子箱的箱体垂直误差应小于（　　　）mm/m，且成列的端子箱应对齐，在同一轴线上。

A. 0.5　　　　　　　B. 1　　　　　　　C. 1.5　　　　　　　D. 2

答案：C

5. 判断题：槽钢与接地网应可靠连接，且槽钢与接地扁钢焊接应符合相应规范要求，扁钢焊接长度为扁钢宽度的 2 倍且至少 3 个棱边焊接。（　　　）

答案：正确

6. 判断题：复测前将小室内基础型钢表面泥浆、污垢等清理干净，避免影响复测精度。（　　　）

答案：正确

7. 判断题：线路保护屏柜屏位在屏柜用途一览表中没有明确定义各线路间隔保护屏的屏位，需查阅相关图纸明确各线路间隔保护屏的屏位，不能随意定位。（　　　）

答案：正确

8. 判断题：通信类屏柜由光传输设备屏、光纤配线屏、音频配线屏、通信电源屏等组成。（　　　）

答案：正确

9. 判断题：两面屏柜整体进行找正，相邻两柜顶水平度误差应小于 2mm，相邻两屏柜盘面误差应小于 1mm，盘间接缝误差小于 2mm，均满足要求后方可将底座螺栓及屏间固定螺栓紧固。（　　　）

答案：正确

10. 判断题：控制屏、继电保护屏和自动装置屏等不宜与基础型钢焊死，一般采用螺栓固定。（　　　）

答案：正确

11. 多选题：一般交流屏组由（　　　）组成。

A. 400V 交流电源屏　　　　　　　B. 交流馈线屏

C. 分段屏　　　　　　　　　　　　D. 逆变电源屏

答案：ABC

|项 目 三 电 缆 附 件 安 装|

任务 3.1 电缆导管、支架、桥架术语说明

1. 普通支架

（1）按材料组成分类。普通支架按照材料组成可分为金属材料支架和复合材料支架。

1）金属材料支架。金属材料支架通常是把钢材或铝合金材轧制成所需型材后，经焊接或用紧固件拼装而成。金属材料支架为工厂化成批生产，可以按照图纸要求加工成各种型号。加工尺寸精确，安装强度高、韧性好。一般采用角钢加工而成，采取热镀锌防腐处理，但是在潮湿、盐雾场所容易锈蚀。常用金属支架示意图见图 4-3。

2）复合材料支架。复合材料支架常见采用 SMC（Sheet Mould Compound）复合材料，SMC 是由树脂糊浸渍玻璃纤维制成的一种片状模塑料，是一种热固性热复合材料。支架采用高强度复合材料加工而成，能成批量生产，加工尺寸精确。复合支架特点有强度高、重量轻，运输方便；产品表面光滑摩擦系数小，不损伤电缆；绝缘性、防腐蚀性和阻燃性好，使用寿命长，维护工作量较小。由于支架绝缘性能好，本身无需接地。常用复合支架示意图见图 4-4。

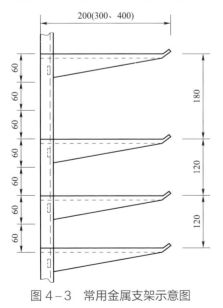

图 4-3 常用金属支架示意图

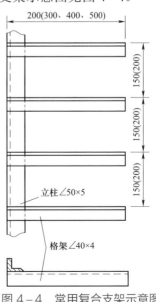

图 4-4 常用复合支架示意图

（2）按安装方式分类。

1）焊接式支架。金属型支架一般均采用焊接式。电缆沟内壁内留有预埋件，要求预埋件平整，上、下层预埋件中心线在一条水平线上，且间距符合图纸要求。首先将通长扁钢焊在预埋件上，单侧电缆沟上下各一道。然后将支架与通长扁钢焊接在一起。支架间距布置按图纸要求确定，一般二次电缆沟 80cm 一副，一次电缆沟及电缆竖井 100cm 一副。

2）螺栓式支架。螺栓式支架生产时在主架上下预留安装孔，在电缆沟壁打入 12～14mm 的膨胀螺栓将支架直接固定，采用螺栓式安装对电缆沟壁平整度要求较高。

3）直埋式支架。直埋式支架端部尺寸与电缆沟砖厚度相同，采用直接砌筑安装，对电缆沟壁平整度要求较高。支架预埋时需保证支架基座与砌墙混凝土充分咬合、密实，并与固定墙面保持直角状态，保证底座受力面积，避免扭曲。

2．桥架

桥架由槽式（电缆槽盒）、托盘式或梯级式的直线段、弯通、三通、四通组件以及托臂（臂式支架）、吊架等构成。

变电站建筑物内桥架可以独立架设，也可以附设在各种建（构）筑物和管廊支架上，应体现结构简单、造型美观、配置灵活和维修方便等特点，全部零件均需进行镀锌处理。安装在建筑物外露天的桥架，如果是在腐蚀区，则材质必须防腐、耐潮气。目前变电站电缆桥架广泛采用的是铝合金材质桥架。

（1）桥架的结构和用途。桥架由托架、支吊架及吊架、附件组成。

1）托架。托架是敷设电缆的部件，按不同用途分梯形和槽型（又称托盘）托架两种，见图 4-5。前者形似梯形，用于敷设一般动力和控制电缆；后者常见直接用厚为 2mm 左右钢板卷成槽状（盘状），用于敷设需要屏蔽的弱电电缆和防火隔爆要求的其他电缆。

托架按不同要求分直线型、变宽型、30°、60°、90°平弯、垂直弯及三通、四通等，其中槽架分底部有孔和无孔两种，分别称为有孔托盘和无孔托盘。

2）支吊架及吊架。

a. 支吊架：支吊架是支撑桥架重量的主要部件，由立柱、托臂及固定底座组成。

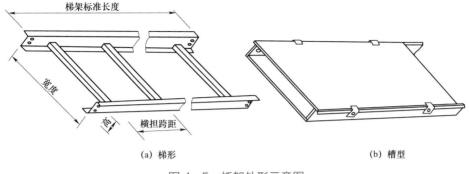

(a) 梯形　　　　　　　　　　　　　　(b) 槽型

图 4-5　托架外形示意图

立柱由工字钢、槽钢或异型钢冲制而成。其固定方式有直立式、悬挂式和侧壁式。直立式是立柱上下两端用底座固定于天棚和底板上，适用于电缆半层，可单侧或双侧装托架。悬挂式仅上端固定在天棚上，也可单侧或双侧装托架。侧壁式是支架一侧支架用螺栓或电缆固定在墙壁或支柱上，适用于沟、隧道或沿墙敷设电缆处，只能一侧装设托架，见图 4-6。

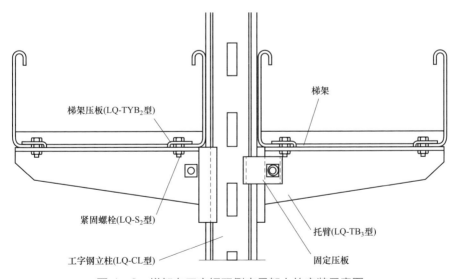

图 4-6　梯架在工字钢双侧支吊架上的安装示意图

托架用 3mm 左右的钢板冲压成型，有固定式和装配式两种。固定式直接焊于立柱上；装配式可在现场按需要调节位置。还有一种托臂无需立柱，可直接用膨胀螺栓或电缆固定在墙上。

b.吊架：也作为悬吊托架之用，依荷载不同，可分别选用双杆扁钢吊架和双杆角钢吊架。因吊架为两端固定托臂，故强度大、荷载大，较适用于悬吊宽盘托架，但拉引电缆没有支撑式支吊架方便，见图4-7。

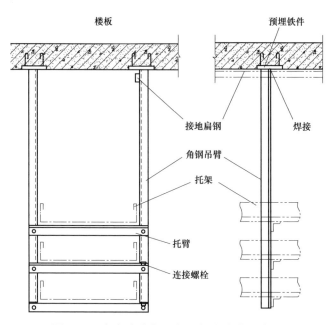

图4-7 托架在角钢双杆吊架上安装示意图

3）附件。附件包括桥架的固定部分、连接部分和引下部分。

a.固定部分：用于固定支吊架及托架。有膨胀螺栓、双头螺栓、射钉螺栓和固定卡、电缆夹卡等。

b.连接部分：用于连接各种托架。有直接板、角接板和铰链接板等。

c.引下部分：把电缆从托架上引至盘、柜等用电设备的部件，有引接板和引线管等。

（2）按材料组成分类。

1）金属材料桥架。金属材料桥架通常是把钢材或铝合金材轧制成所需型材后，经焊接或用紧固件拼装而成，一般采用热镀锌角钢和铝合金材料。

金属材料桥架为成批加工生产，到现场后焊接或用螺栓连接组装而成，机械强度高、成本较低，是变电站内最常用类型的桥架。

2）玻璃钢类桥架。玻璃钢类桥架机械强度高，它既有金属桥架的刚性又有玻璃钢桥架的韧性，耐腐蚀性能好、抗老化性能强。使用寿命较长，但成本较高。

3）环氧树脂复合型桥架。环氧树脂复合型桥架适合在强腐蚀环境、大跨距、重载荷条件下使用。具有造型美观、表面平滑、薄厚一致，机械强度高、安装方便、抗腐蚀及抗老化的优点。

（3）按使用部位分类。

1）梯级式桥架。梯级式桥架由镀锌金属材料或铝合金材料制成，适用于变电站电缆竖井、电缆夹层电缆敷设安装。

梯级式桥架具有重量轻、成本低、造型别具、安装方便、散热、透气性好等优点，但不防尘、不防干扰。适用于一般直径较大电缆的敷设，和高、低压动力电缆的敷设。

2）托盘式桥架。托盘式桥架一般由铝合金材料制成，适用于变电站电缆沟、电缆夹层电缆敷设安装。

托盘式桥架具有重量轻、载荷大、造型美观、结构简单、安装方便、防尘、防干扰等优点，但散热、透气较差。适用于动力、控制电缆的敷设。

3）槽式桥架。槽式桥架由铝合金、玻璃钢材料或环氧树脂复合材料制成，是一种全封闭型电缆桥架。

槽式桥架具有重量轻、造型美观、结构简单、安装方便、防尘、防干扰等优点，但散热、透气性能较差。适用于计算机、通信等高灵敏系统电缆的敷设。它对控制电缆的屏蔽干扰和重腐蚀中环境电缆的防护都有较好的效果。

任务 3.2 电缆支架安装

1. 电缆支架安装的操作步骤

（1）电缆支架外观检查。

1）电缆支架加工材质与图纸要求相符，热镀锌支架镀锌层应完好，铁件无扭曲、变形；复合支架外观无裂痕、破损、色差。

2）镀锌支架所用钢材应平直，无明显扭曲，合格证齐全。

3）支架下料长度误差应为±5mm，切口应无卷边、毛刺。

4）支架焊接应牢固，无显著变形。

5）各横撑间的垂直净距与设计偏差不应大于 5mm，同一种规格的电缆支架所有尺寸应一致。

（2）电缆支架配置检查。

1）根据施工图纸核对支架规格、尺寸及各层间距离，核对支架数量，区分不同区域支架的使用型号。

2）电缆支架的层间允许最小距离，当设计无规定时，可采用表 4-2 的规定。但层间净距不应小于 2 倍电缆外径加 10mm，35kV 及以上高压电缆不应小于 2 倍电缆外径加 50mm。

表 4-2　　　　　　　　电缆支架的层间允许最小距离值　　　　　　　　（mm）

电缆类型和敷设特征		普通支架、吊架
控制电缆明敷		120
电力电缆明敷	10kV 及以下（除 6～10kV 交联聚乙烯绝缘外）	150～200
	6～10kV 交联聚乙烯绝缘	200～250
	35kV 单芯 66kV 及以上，每层 1 根	250
	35kV 三芯 66kV 及以上，每层多余 1 根	300
电缆敷设于槽盒内		h+80

注　h 表示槽盒高度。

（3）金属镀锌支架安装。金属镀锌支架采用通长扁钢焊接固定安装。

1）对电缆沟进行验收，包括电缆沟垂直度，预埋件间距、平整度检查。预埋件间距及外形尺寸设置符合设计图纸要求，预埋件中心线位移不大于 5mm。

2）先将通长扁钢与沟壁预埋件进行焊接。通长扁钢焊接前应进行校直处理，但不得破坏扁钢镀锌层。扁钢与预埋件接触部位上下两边均应满焊，扁钢与扁钢搭接头宜采取冷弯，保持平滑过渡。电缆沟沟壁转弯部位或有坡度部位，通长扁钢应同样采用冷弯工艺，保持与沟壁相同转弯弧度或坡度，扁钢跨越电缆沟伸缩缝处设置伸缩弯。通长扁钢经过沟壁预留孔洞时，应采用冷弯工艺使扁钢绕行，不占用预留孔洞空间。通长扁钢在电缆沟内按照设计要求与主网接地可靠。通长扁钢伸缩弯安装示意见图 4-8。

3）在已焊好的上、下通长扁钢上对电缆支架安装位置进行放样定位（见图 4-9），保持支架间距一致。间距设置应符合设计图纸要求，一般电缆沟内为 80mm，竖井内为 100mm。为方便电缆敷设时人员走动，电缆沟内支架应错位对称安装。电缆支架设置还应错开预留孔洞，此时间距可做适当调整。支架设置应方便电缆敷设，拐弯半径应大于支架上的电缆最小允许弯曲半径的最大者。

图 4-8　通长扁钢伸缩弯安装示意图

图 4-9　电缆支架放样

4）按放样位置确定支架安装地点。电缆沟支架安装顺序一般为：首先在间距 20m 左右长度内头、尾先点焊固定两副电缆支架，用水平尺、吊锤等对支架进行找平、找直，符合要求后焊接牢固；然后在头、尾两副支架最上层拴一根棉线，用于控制中间支架安装位置，从而保证所有支架横平竖直，同层支架均在同一水平面上。以此方法进行下一处支架安装工作，在电缆沟交叉处、拐弯处可适当缩短棉线控制距离，以保证安装质量。

5）电缆支架在通长扁钢先采用点焊固定，复测后进行焊接，焊接过程中如支架变形应及时进行校正。

6）支架焊接应牢固，通过通长扁钢接地可靠，焊接应符合相关规范要求。电缆支架所有焊接处两侧 100mm 范围内应做防腐处理。位于湿热、盐雾以及有化学腐蚀地区时，还应根据设计做特殊的防腐处理。

7）为防止支架端部刮伤电缆，支架安装完成后在支架横撑角钢端部加装防护套，支架护套安装应牢固、无破损。

（4）复合材料支架安装。复合材料支架采用不锈钢膨胀螺栓连接固定安装。

1）对电缆沟进行验收，包括电缆沟垂直度、平整度检查。复合材料支架安装时对电缆沟壁、竖井壁平整度要求较高。

2）首先测量单副支架上、下预留螺栓孔洞间距，对照图纸要求在单面电缆沟壁上、下用墨斗弹出两条水平墨线。

3）在已弹好的上、下水平线上对电缆支架安装位置进行放样定位，保持支架间距一致。间距设置应符合设计图纸要求，一般二次电缆沟内为 80mm，一次电缆沟与竖井内为 100mm。为方便电缆敷设时人员走动，电缆沟内支架应错位对称安装。电缆支架设置还应错开预留孔洞，此时间距可做适当调整。支架设置应方便电缆敷设，拐弯半径应大于支架上的电缆最小允许弯曲半径的最大者。

4）按放样位置确定支架安装地点。电缆沟支架安装顺序一般为：首先在间距 20m 左右长度内头、尾先固定两副电缆支架；用水平尺、吊锤等对支架进行找平、找直，符合要求后将膨胀螺栓紧固牢固。

5）在已安装好的头、尾两副支架最上层挂一根棉线，用于控制中间支架安装位置，从而保证所有支架横平竖直，同层支架均在同一水平面上。以此方法进行下一处支架安装工作，在电缆沟交叉处、拐弯处可适当缩短棉线控制距离，以保证安装质量。

6）膨胀螺栓安装方法：电锤钻头选择应与螺栓配套，如 12、14mm 膨胀螺栓分别选用 16、18mm 钻头。电锤钻孔时钻头对准墙面，钻头与墙面垂直，均匀用力。在钻头上做出深度的标记，严格控制打孔的直径和深度，以防固定不牢或吃墙过深或出墙过多。将膨胀螺栓螺母拧出至丝扣末端，用锤子将螺栓敲入眼孔，保证丝扣不单独受力。紧固膨胀螺栓使之胀开。然后将螺栓平、弹垫及螺母拆下，支架就位后安装平、弹垫，拧入螺母，支架找正完成后紧固螺栓。

2. 电缆支架安装工艺要求

（1）电缆支架应安装牢固、横平竖直。各支架的同层横撑应在同一水平面上，其高低偏差不大于 5mm。金属支架及复合支架安装整体效果图见图 4-10。

(a) 金属支架安装效果图　　　　(b) 复合支架安装效果图

图 4-10　电缆支架安装整体效果图

（2）在电缆沟十字交叉口、丁字口宜增加电缆支架，防止电缆支架落地或过度下垂。在有坡度的电缆沟内或建筑物上安装的电缆支架，应有与电缆沟或建筑物相应的坡度。

（3）电缆支架最上层及最下层至沟顶、楼板或沟底、地面的距离，当设计无规定时，不宜小于表 4-3 的数值。

表 4-3　　　　　　　电缆支架最上层及最下层至沟顶、
楼板或沟底、地面的距离
（mm）

敷设方式	电缆隧道及夹层	电缆沟
最上层至沟顶或楼板	300～350	150～200
最下层至沟底或地面	100～150	50～100

（4）组装后的钢结构竖井，其垂直偏差不应大于其长度的 2‰；支架横撑的水平误差不应大于其宽度的 2‰；竖井对角线的偏差不应大于其对角线长度的 5‰。

注意事项：

1）电缆支架安装前应对电缆沟建筑进行复测，满足安装要求。

2）金属支架焊接应牢固，防腐符合相关规范要求，复合支架螺栓连接应可靠。

3）金属支架接地应符合图纸要求。

任务 3.3　电缆槽盒安装

1. 电缆槽盒安装的操作

（1）电缆槽盒验收要求。

1）电缆槽盒外观检查。

a. 电缆槽盒的规格、结构形式、材质、防腐类型符合图纸要求，包装箱内应有装箱清单、产品合格证及出厂试验报告。

b. 镀锌槽盒表面应均匀，无毛刺、过烧、挂灰、划痕等缺陷，不得有影响安装的锌瘤。螺纹的镀层应光滑，螺栓连接件应能拧入。

c. 槽盒及配件外观质量良好，无变形、氧化层或防腐层脱落现象。槽盒内部光洁、无毛刺，对角线的尺寸允许误差小于设计尺寸的 0.5%。

d. 槽盒焊缝表面均匀，不得有漏焊、裂纹、夹渣、烧穿、弧坑等缺陷。

e. 螺栓连接孔的孔距允许偏差：同一组内相邻两孔间距 ±0.7mm，同一组内任意两孔间距 ±1mm，相邻两组的端孔间距 ±1.2mm。

2）电缆槽盒配置检查。

a. 根据施工图纸及厂家技术资料核对槽盒规格、尺寸及安装附件，核对槽盒及配件数量，区分不同区域槽盒使用型号。

b. 电缆槽盒及配件型号、数量应符合设计要求。

c. 支架上安装铝合金电缆槽盒的板材厚度应符合设计要求，当设计无规定时，可采用表 4-4 的规定。

表 4-4 铝合金电缆槽盒允许最小板材厚度表 （mm）

槽盒宽度	允许最小厚度
<400	1.5
400~800	2.0
>800	2.5

d. 户外地面电缆沟钢制槽盒的板材厚度应符合设计要求，当设计无规定时，可采用表 4-5 的规定。

表 4-5 钢制电缆槽盒允许最小板材厚度表 （mm）

槽盒宽度	允许最小厚度	防滑花纹盖板
<400	2.5	4.0
400~800	3.0	6.0
>800	4.0	6.0

按照设计要求，变电站内光缆大多都采用电缆槽盒敷设，装配式变电站内户外地面电缆沟也大多采用封闭电缆槽盒。

变电站中光缆敷设电缆槽盒一般采用铝合金材料，安装在电缆支架上；装配式变电站中户外电缆槽盒一般采用钢制材料，安装在基础上进行。以这两种常见安装方式为例，介绍电缆槽盒安装步骤和工艺要求。

电缆槽盒安装整体示意图见图 4-11。

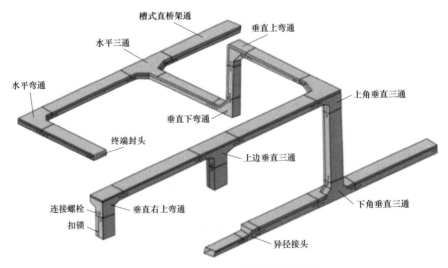

图 4-11 电缆槽盒安装整体示意图

电缆槽盒常用部件加工图见图 4-12。

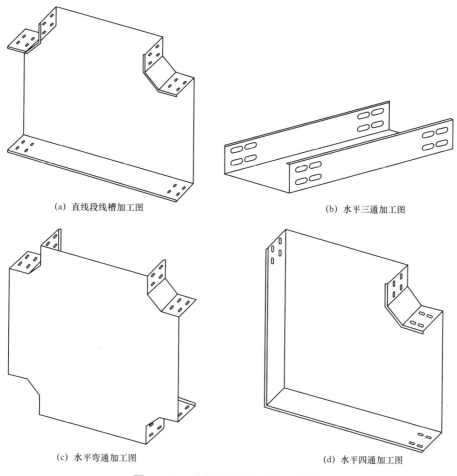

(a) 直线段线槽加工图   (b) 水平三通加工图

(c) 水平弯通加工图   (d) 水平四通加工图

图 4-12 电缆槽盒常用部件加工图

（2）支架上电缆槽盒安装步骤。

1）熟悉图纸及厂家资料，按照光缆敷设要求，了解电缆支架上槽盒布置的位置、数量等，将各区域槽盒及附件搬运至指定位置。

2）对已安装好的电缆支架进行检查，依据图纸确定电缆槽盒在支架上的安装位置，对槽盒在支架上走向进行复核，确保槽盒在支架上能顺利贯通。

3）对槽盒在支架上摆放进行定位。根据槽盒宽度在支架上用墨斗弹两条水平直线，确定槽盒里口和外口边缘位置，一般可以 10m 长度为一间距。

4）根据槽盒在电缆支架安装层数及走向路径，确定电缆沟丁字口、交叉口

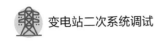

弯通、三通、异型接头等安装位置。

5）按照先主干线后分支线的顺序，先将弯通、三通、异型接头等在支架上定位。

6）所有接头部位安装好后，在支架上焊接导向板，直线段一般按 20m/副。为保证电缆槽盒在导向板内能自由滑动，槽板接口处应预留适当的膨胀间隙。

7）直线段槽盒到货时为固定长度，一般为 2m/根。在支架上排列前应提前进行策划，进行直线段槽盒布置原则是：铝合金电缆槽盒超过 15m 时以及跨越电缆沟伸缩缝处应设置伸缩缝，其连接宜采用伸缩连接板。如需非整根槽盒，现场使用型材切割机对槽盒进行加工，切口、开孔处应打磨光滑。

8）将配置好槽盒安装在支架上导向板内，使各段槽盒里口和外口均与支架上黑线对齐。同时调整槽盒之间间距，安装普通连接板和伸缩连接板。

9）调平、调直后紧固连接板螺栓，螺母应位于桥架的外侧。连接板两端不少于 2 个有防松螺母或防松垫圈的连接固定螺栓，并且连接板两端跨接截面积不小于 $4mm^2$ 的铜芯接地线。

10）安装接地线，槽盒全长应不少于 2 处接地或接零。

11）对槽盒安装进行整体检查。

12）在电缆敷设完毕后，及时将盖板固定密实，同时对端头及开孔处进行封堵处理。

（3）地面电缆槽盒安装步骤。

1）熟悉图纸及厂家资料，按照电缆敷设要求，了解户外地面槽盒布置的位置、数量等，将各区域槽盒及附件搬运至指定位置。

2）对槽盒安装固定基础进行检查，复测基础上预埋扁钢标高及轴线，标高误差应满足槽盒安装要求。

3）在基础预埋件上安装槽盒固定底座托架，一般采用镀锌槽钢加工，槽钢中心线与基础中心线对齐，纵、横两个方向轴线应垂直，成排基础上槽钢安装应平行，同方向基础上槽钢开口方向一致。利用水平尺、水准仪等测量仪器对槽钢找直、找平后，将其与基础上预埋扁钢焊接牢固，并及时进行防腐。

4）根据槽盒走向路径，确定拐弯、三通、四通等安装位置，根据图纸摆放在底座槽钢上。

5）直线段槽盒到货时为固定长度，一般为 2m/根。进行直线段槽盒布置原则是：钢制电缆槽盒超过 30m 时应设置伸缩缝，其连接宜采用伸缩连接板。如需非整根槽盒，现场使用型材切割机对槽盒进行加工，切口、开孔处应打磨光滑，并做好防腐措施。

6）电缆槽盒全部安装到已经调整好的横担槽钢上后，对槽盒间距进行调整，要求连接间隙均匀，无明显间隙。然后安装普通连接板和伸缩连接板，利用经纬仪、水准仪等测量仪器对槽盒进行找直、找平。

7）找直、找平后紧固连接板螺栓，螺母应位于桥架的外侧。连接板两端不少于 2 个有防松螺母或防松垫圈的连接固定螺栓，并且连接板两端跨接不小于 $4mm^2$ 的铜芯接地线。

8）安装接地线，槽盒全长应不少于 2 处接地或接零。

9）对槽盒安装进行整体检查。

10）在电缆敷设完毕后，及时将盖板固定密实，同时对端头及开孔处进行封堵处理。

2. 电缆槽盒安装的工艺要求

（1）电缆槽盒应安装牢固、横平竖直。同一层槽盒应在同一水平面上，其高低偏差不大于 5mm，槽盒走向左右偏差不大于 10mm。电缆槽盒安装示意图见图 4-13。

(a) 电缆支架上双层槽盒安装　　　　(b) 户外地面电缆槽盒安装

图 4-13　电缆槽盒安装示意图

（2）槽盒接口处应平整，间隙均匀一致。多层安装时，弯曲部分弧度应一致，层间间距均匀，允许误差为 ±3mm。槽盒盒身及盖板切割、拼装不得有缝隙。

（3）当直线段钢制电缆槽盒超过 30m、铝合金或玻璃钢制电缆槽盒超过

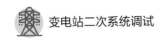

15m 时，应设有伸缩缝，其连接宜采用伸缩连接板；电缆槽盒跨越建筑物伸缩缝处应设置伸缩缝。

（4）电缆槽盒转弯处的转弯半径，不应小于该桥架上的电缆最小允许弯曲半径的最大者。

（5）需在槽盒托盘底、侧板开保护管引出孔时，应采用油压开孔机或其他机械开孔，不得使用电弧焊、气焊切割。开孔后边缘应打磨光滑，并采用合适的橡皮护圈保护电缆。

（6）电缆线槽之间的连接应采用半圆方头螺栓，螺母应在线槽外侧，连接要紧密，螺母要齐全。

（7）金属支架全长均应有良好的接地。铝合金桥架在钢制支吊架上固定时，应有防电化腐蚀的措施。

任务 3.4　电缆桥架安装

1. 电缆桥架安装的操作

（1）电缆桥架外观检查。

1）电缆桥架材质与图纸一致，所用钢材应平直，无明显扭曲，合格证齐全。

2）型材下料误差应为±5mm，切口应无卷边、毛刺。

3）支架焊接应牢固，无显著变形。

4）各横撑间的垂直净距与设计偏差不应大于 5mm。

（2）电缆桥架配置检查。

1）根据施工图纸及厂家技术资料核对桥架规格、尺寸及安装附件，核对桥架数量，区分不同区域桥架的使用型号。

2）电缆桥架的规格、支架跨距、防腐类型应符合设计要求。

3）电缆桥架的层间允许最小距离，当设计无规定时，可采用表 4-6 的规定。但层间净距不应小于 2 倍电缆外径加 10mm，35kV 及以上高压电缆不应小于 2 倍电缆外径加 50mm。

电缆桥架主要有钢制、铝合金制及玻璃钢制等。钢制桥架表面处理工艺分为喷漆、喷塑、电镀锌，热镀锌、粉末静电喷涂等。桥架安装方式主要有沿顶板安装、沿墙水平和垂直安装、沿竖井安装、沿地面安装等。根据设计图纸要求，安装所用支（吊）架可选用成品或自制，支（吊）架的固定方式主要有预埋铁件上焊接、膨胀螺栓固定等。

表 4-6　　　　　　　　电缆桥（吊）架的层间允许最小距离值　　　　　　　（mm）

电缆类型和敷设特征		吊架	桥架
控制电缆明敷		120	200
电力电缆明敷	10kV 及以下（除 6～10kV 交联聚乙烯绝缘外）	150～200	250
	6～10kV 交联聚乙烯绝缘	200～250	300
	35kV 单芯 66kV 及以上，每层 1 根	250	300
	35kV 三芯 66kV 及以上，每层多余 1 根	300	350
电缆敷设于槽盒内		$h+80$	$h+100$

注　h 表示槽盒高度。

（3）电缆桥架安装步骤。以电缆半层内电缆桥架安装为例，介绍桥架安装步骤。考虑运输方便，托架、支吊架、附件均为散件到货，现场按照图纸及厂家技术资料进行组装。电缆半层内支吊架立柱两端用底座固定于天棚和底板上，可单侧或双侧装托架。

1）熟悉图纸及厂家资料，了解电缆半层内桥架布置。按照厂家清单对各散件进行再次清点，对每一组装件进行试组装。电缆桥架型号表示方法见图 4-14，电缆桥架安装示意图见图 4-15。

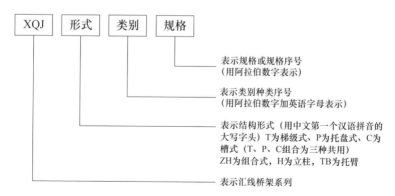

图 4-14　电缆桥架型号表示方法

2）对所安装电缆桥架土建项目进行验收，对预埋件位置进行检查、复测，并根据预埋件位置进一步核实屏位位置，确保桥架内电缆能顺利穿入屏柜。

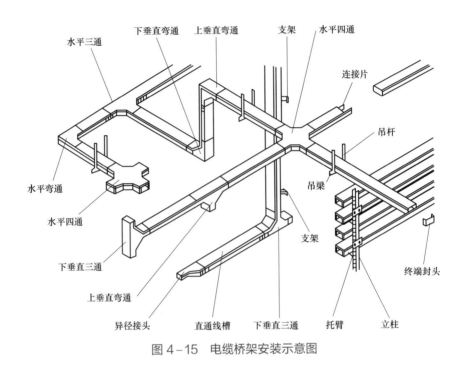

图4-15 电缆桥架安装示意图

3）测量定位：根据设计图纸，测量出电缆桥架边缘距轴线、中心线、墙边的尺寸，在同一直线段的两端分别取一点。用墨斗在电缆夹层顶板上弹出一条直线，作为桥架立柱底板中心线。然后以顶板的墨线为基准线，用吊锤定出立柱在地板的相应位置，用墨斗在地面弹出一条直线。按照设计图纸的要求在直线上标出底板的位置。

4）底板安装：按标注的位置，将底板紧贴住夹层地面或夹层顶板，根据底板上的孔位，用记号笔在地面和夹层顶板做出标记（对于结构有预埋铁时，将上下底板直接焊接到预埋铁上）。取下底板，在记号位置用电锤钻孔。将膨胀螺栓敲入眼孔，装好底板，紧固膨胀螺栓将底板固定牢固。

膨胀螺栓安装方法：电锤钻头选择应与螺栓配套，如 12、14mm 膨胀螺栓分别选用 16、18mm 钻头。电锤钻孔时钻头对准墙面，钻头与墙面垂直，均匀用力。在钻头上做出深度的标记，严格控制打孔的直径和深度，以防固定不牢或吃墙过深或出墙过多。将膨胀螺栓螺母拧出至丝扣末端，用锤子将螺栓敲入眼孔，保证丝扣不单独受力。紧固膨胀螺栓使之胀开。然后将螺栓平、弹垫及螺母拆下，支架就位后安装平、弹垫，拧入螺母，支架找正完成后紧固螺栓。

5）立柱焊接：测量夹层上、下底板之间的准确距离，根据此距离切割出相应长度的立柱槽钢长度。槽钢长度比上、下底板之间的距离小 2~3mm。采用可拆卸托臂时，切割槽钢时必须保证槽钢各托臂安装位置在同一高度。将直线段两端的槽钢立柱放在电缆支架的上、下底板之间，确认立柱位置无误后，将立柱与下部底板点焊固定。用水平尺、吊锤检验槽钢立柱的垂直度，确认无误后，将槽钢立柱与上、下底板焊接牢固。及时对电焊作业部位进行去渣、防腐，所有焊接处两侧 100mm 范围内应做防腐处理。

6）用两根棉线在两根立柱之间绷紧两条直线，顶部与下部各一条。以此直线为依据安装其他立柱，使所有立柱成一直线。

7）立柱安装完成后，进行托架安装，由下至上或由上至下进行。立柱和托架安装保持垂直、整齐、牢固、无歪斜现象。

8）安装引下部分，包含引接板和引线管等。

9）使用连接部分将各部件连接牢固，紧固所有螺栓。电缆桥架在每个支吊架上的固定应牢固，桥架连接板的螺栓应紧固，螺母应位于桥架的外侧。铝合金桥架在钢制支吊架上固定时，应有防电化腐蚀的措施。

10）金属桥架间连接片两端不少于 2 个有防松螺母或防松垫圈的连接固定螺栓，并且连接片两端跨接不小于 $4mm^2$ 的铜芯接地线。

11）安装接地线，金属桥架及其支架全长应不少于 2 处接地。

12）对桥架安装进行整体检查，水平、垂直度调整。

a. 电缆桥（吊）架最上层及最下层至沟顶、楼板或沟底、地面的距离，当设计无规定时，不宜小于表 4-7 的数值。

表 4-7　　　　　　　电缆桥（吊）架最上层及最下层至沟顶、
楼板或沟底、地面的距离
　　　　　　　　　　　　　　　　　　　　　　　　　　　　　　　　（mm）

敷设方式	桥架	吊架
最上层至沟顶或楼板	350~450	150~200
最下层至沟底或地面	100~150	—

b. 电缆桥架敷设易燃易爆气体管道和热力管道的下方，当设计无要求时，与管道的最小净距应符合表 4-8 的数值。

表 4-8　　　　　　　　　电缆桥与管道的最小净距　　　　　　　　　（mm）

管道类别		平等净距	交叉净距
一般工艺管道		40	30
易燃易爆气体管道		50	50
热力管道	有保温层	50	30
	无保温层	100	50

2. 电缆桥架安装的工艺要求

（1）电缆桥架应安装牢固，横平竖直。同一层层架应在同一水平面上，其高低偏差不大于 5mm，托架支（吊）架沿桥架走向左右偏差不大于 10mm。各层层架垂直面应在同一垂直面上，转角处弧度应一致。层架安装整体效果图见图 4-16。

图 4-16　层架安装整体效果图

（2）当直线段钢制电缆桥架超过 30m、铝合金或玻璃钢制电缆桥架超过 15m 时，应设有伸缩缝，其连接宜采用伸缩连接板；电缆桥架跨越建筑物伸缩缝处应设置伸缩缝。

（3）电缆桥架转弯处的转弯半径，不应小于该桥架上的电缆最小允许弯曲半径的最大者。

（4）层架安装应对应屏位布置，保证电缆进入屏内走向合理、美观。

（5）金属支架全长均必须有可靠的接地。

任务 3.5　电缆管加工

1. 电缆管加工工艺

（1）电缆保护管外观检查。

1）热镀锌钢管外观镀锌层完好、内壁光滑。

2）金属软管不应有严重锈蚀，两端的固定卡具应齐全。

3）硬质塑料电缆管应有满足电缆线路敷设条件所需保护性能的品质证明文件。

4）热镀锌钢管、硬质塑料电缆管等合格证应齐全。

（2）电缆保护管加工工艺。

1）按照图纸要求选用电缆保护管，同区域电缆保护管规格应一致。

2）合理设计每根电缆管内所穿电缆数量，电缆管的内径与所穿电缆外径之比不得小于 1.5。

3）电缆管应尽量保证顺直，减少拐弯。每根电缆管的弯头不应超过 3 个，直角弯头不应超过 2 个。

4）管口应无毛刺和尖锐棱角。

5）电缆管弯制后，不应有裂缝和明显凹瘪，弯曲程度不宜大于管子外径的 10%；电缆沟的弯曲半径不应小于穿入电缆的最小允许弯曲半径。

6）无防腐措施的金属电缆管应在外表涂防腐漆，镀锌管锌层剥落处也应涂防腐漆。

2. 电缆管加工方法

（1）根据电缆管敷设路径精确测量各设备所需电缆保护管的长度。现场一般采用皮尺在电缆沟内放样测量，统计实际所需电缆管长度、弯曲弧度和数量。

（2）对电缆管进行实际配置，按照统计的长度、数量对电缆管进行加工下料。加工时应尽量采用整根钢管，镀锌钢管成品一般为 6m 一根。

（3）加工弯头。弯头加工应采用机械冷弯工艺，现场可采用弯管机进行弯制。将钢管弯成需要的角度，多根同样走向的钢管弯曲弧度应一致，弯曲角度应满足所穿电缆的拐弯半径，一般不小于 90°。

（4）按照接头数量尽可能少的原则，根据弯头长度加工直线段，测量出直线段钢管长度，按照实际尺寸进行下料。管口切割处应钝化处理，管口应无毛刺和尖锐棱角，管口和锌层剥落均应涂以防腐漆。

（5）对设备机构箱、接线盒底板用拉孔机进行开孔，使镀锌钢管能直接穿入机构箱、接线盒。

1）开孔前应提前进行策划，保证同配电装置区同一轴线上设备机构箱、接线盒穿管应在同一直线上。成列设备机构箱、接线盒电缆穿管应在一条轴线上。

如隔离开关、断路器机构内有两根以上电缆保护管，则要求排列方向应统一，且纵、横两个方向都应对齐，防止电缆保护管碰撞。

2）按照策划要求在机构箱、接线盒底板用记号笔做出记号，一般采用圆心定位法，在底板上确定开孔圆心位置。

3）用液压拉孔机对底板进行统一开孔，开孔尺寸与所穿电缆管规格一致。开孔时应保证开孔圆形规则。开孔四周应用锉刀锉平，同时进行防腐处理。

电缆管加工见图4-17。

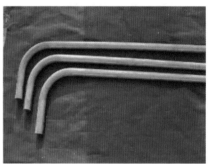

图4-17 电缆管加工

🔍 思考题

1. 单选题：电缆支架层间净距不应小于2倍电缆外径加（   ）mm，35kV及以上高压电缆不应小于2倍电缆外径加50mm。

A. 8　　　　　B. 9　　　　　C. 10　　　　　D. 11

答案：C

2. 单选题：槽盒内部光洁、无毛刺，对角线的尺寸允许误差小于设计尺寸的（   ）%。

A. 0.2　　　　B. 0.3　　　　C. 0.4　　　　D. 0.5

答案：D

3. 单选题：支架上安装铝合金电缆槽盒的板材厚度应符合设计要求，当槽盒宽度小于400mm时，允许最小厚度为（   ）mm。

A. 0.5　　　　B. 1　　　　　C. 1.5　　　　D. 2

答案：C

4. 单选题：电缆桥架各横撑间的垂直净距与设计偏差不应大于（   ）mm。

　A. 3　　　　　B. 4　　　　　C. 5　　　　　D. 6

答案：C

5. 单选题：每根电缆管的弯头不应超过（   ），直角弯不应超过（   ）个。

　A. 3，2　　　　B. 3，1　　　　C. 2，3　　　　D. 2，1

答案：A

6. 单选题：电缆管在弯制时，如弯扁程度过大，将减小电缆管的（   ），造成穿设电缆困难。

　A. 强度　　　　B. 长度　　　　C. 有效管径　　D. 重量

答案：C

7. 单选题：检查电缆管的制作半径（   ）方法。

　A. 用尺检查　　　　　　　　B. 用观察法

　C. 用样板检查　　　　　　　D. 用 0.85 倍管内径拉线球检查

答案：C

8. 判断题：各横撑间的垂直净距与设计偏差不应大于 5mm，同一种规格的电缆支架所有尺寸应一致。　　　　　　　　　　　　（   ）

答案：正确

9. 判断题：金属支架焊接应牢固，防腐符合相关规范要求，复合支架螺栓连接应可靠。　　　　　　　　　　　　　　　　　　（   ）

答案：正确

10. 判断题：电缆支架各支架的同层横撑应在同一水平面上，其高低偏差不大于 5mm。　　　　　　　　　　　　　　　　　　（   ）

答案：正确

11. 判断题：槽盒接口处应平整，间隙均匀一致。多层安装时，弯曲部分弧度应一致，层间间距均匀，允许误差±3mm。槽盒盒身及盖板切割、拼装不得有缝隙。　　　　　　　　　　　　　　　　　　（   ）

答案：正确

12. 判断题：电缆槽盒转弯处的转弯半径，不应小于该桥架上的电缆最小允许弯曲半径的最小者。　　　　　　　　　　　　　（   ）

答案：错误

13．判断题：电缆槽盒应安装牢固，横平竖直。同一层槽盒应在同一水平面上，其高低偏差不大于 5mm，槽盒走向左右偏差不大于 10mm。　　（　　）

答案：正确

14．判断题：电缆桥架型材下料误差应在 5mm 范围内，切口应无卷边、毛刺。　　　　　　　　　　　　　　　　　　　　　　　　　　（　　）

答案：正确

15．判断题：金属桥架及其支架全长应不少于 2 处接地或接零。　（　　）

答案：错误

16．判断题：电缆桥架焊接后，应及时对电焊作业部位进行去渣、防腐，所有焊接处两侧 80mm 范围内应做防腐处理。　　　　　　　　　（　　）

答案：错误

17．多选题：电缆管不应有（　　　）。

A．穿孔　　　　　　　　　　　　B．裂缝

C．显著的凹凸不平　　　　　　　D．部分锈蚀

答案：ABC

|项目四　电　缆　施　工|

任务 4.1　电缆、尾缆的敷设要求

1．电缆敷设要求

（1）支架、桥架上及槽盒内电缆敷设。

1）电缆敷设时应排列整齐、走向合理，不宜交叉，应及时固定，装设标识牌。

2）电缆在支架、桥架上及槽盒内拐弯处弧度应一致，过渡自然、无交叉。拐弯处应以最大截面电缆允许弯曲半径为准。

3）直线段电缆在支架上不应出现弯曲或下垂现象，拐弯处应增加绑扎点；电缆沟支架最底层电缆距离地面高度应在 100mm 以上，电缆绑扎带间距应均匀，绑扎线头应隐蔽向下。

4）短电缆敷设前，应对已敷设的长电缆进行整理。垂直敷设或超过 45°倾斜角敷设电缆时，电缆与桥架、支架接触部位均应绑扎固定；水平敷设的电

缆，在电缆首末两端及拐弯处，每隔 5～10m 进行绑扎固定。

5）电缆下部距离地面高度应在 100mm 以上，屏柜、端子箱、汇控箱等进口处电缆应排列整齐。

6）光缆、尾缆、尾纤、通信网线敷设时采取防护措施，使线缆不受损伤，布置规范、工艺美观。

支架、桥架上电缆敷设见图 4-18。

图 4-18 支架、桥架上电缆敷设

（2）穿管电缆敷设。

1）对电缆管配置、固定进行检查，电缆保护管符合穿管电缆敷设验收规范要求。

2）敷设电缆前对电缆保护管进行疏通，管内无积水、杂物。

3）电缆保护管应排列整齐、走向合理，管径选择合适。

4）穿入管中的电缆数量符合图纸要求，电缆管的内径与电缆外径之比不得小于 1.5，交流单芯电缆不得单独穿入钢管内，电缆穿管时电缆不得外漏，管口处封堵密实。

5）电缆穿管时不应破坏电缆外绝缘层、不应扭绞，穿管应顺畅，穿管时应防止临时标识牌脱落。

6）电缆保护管地下部位埋设不得小于 0.7m，明敷时横平竖直、排列整齐、固定牢固。

（3）直埋电缆敷设。

1）对开挖的电缆小沟进行检查，直埋小沟开挖深度宜大于 700mm，宽度宜大于 500mm，且能满足电缆敷设要求。

2）控制电缆之间交叉敷设时，最小净距为 0.5m；10kV 及以下电力电缆间及其与控制电缆间平行敷设最小净距为 0.1m，交叉敷设最小净距为 0.5m。

3）直埋电缆的上、下应铺以不小于100mm厚的软土砂层，并加盖保护板，其覆盖宽度应超过电缆两侧 50mm。保护板可采用混凝土盖板或砖块。软土和砂子中不应有砖块或其他硬质杂物。

4）直埋电缆回填土前，应经隐蔽工程验收合格，并分层夯实。

5）在直埋电缆直线段每隔 50～100m 处、转弯处、进入建筑物等处，应设置明显的方位标识或标桩。

高压动力电缆敷设及安装工程

控制电缆敷设

2. 光缆、尾缆的敷设要求

（1）光缆、尾纤敷设的方法及工艺要求。

1）尾纤应留有一定裕度，并有防止外力伤害的措施，避免屏柜内其他部件的碰撞或摩擦。

2）尾纤不得直接塞入线槽或用力拉扯，铺放盘绕时应采用圆弧形弯曲，弯曲直径不应小于100mm，应采用软质材料固定，且不应过紧。

3）尾纤标识应清晰规范，符合设计要求。保护屏至继电保护接口设备的备用纤芯应做好防尘和标识。

4）光缆储运过程应确保光缆放置安全可靠，防止损伤缆身。对于散盘运输的光缆或尾缆应采取相应的保护措施。

5）光缆装卸过程必须按光缆盘标示方向短距滚动，严禁从车上或高处直接滚下。

6）使用吊车装卸光缆，应用高强度钢轴穿入轴孔的方式装卸，防止钢索坏缆盘。

7）检查缆盘包装、核对盘号、盘长、型号、出厂合格证、出厂盘测记录表，核对光缆电气技术指标相关参数，是否满足技术合同和设计要求；核对准确后，应将光缆以规格型号为单位分别编号并登记入册。

8）采用光时域反射仪（optical time－domain reflectometer，OTDR）和光纤耦合器，对光缆进行单盘测试，包括对光缆盘长、光纤衰减指标进行测试，测试结果应符合合同要求，填写光缆单盘测试记录。

9）OTDR 与被测光纤的折射率必须保持一致，合理选择脉宽和量程，观察 OTDR 后向散射曲线情况，检阅光纤配盘长度与各项技术参数是否满足技术合同和设计要求；其中，光纤长度偏差为 0～+100m 正偏差。

10）盘测工作完成后，应对光缆进行重新包封处理。

（2）光缆的敷设应满足的要求。

1）敷设前电缆支架、保护槽盒应安装完毕。防腐、接地、密封等条件符合规范要求。

2）应在电力电缆、控制电缆敷设结束后进行光缆敷设，并与电力电缆和控制电缆布置在不同层的支架上。

3）光缆的弯曲半径要求：光缆弯曲半径为外径的 25 倍；室内软光缆（尾缆）在无荷载情况下光缆最小弯曲半径为外径的 10 倍，在有荷载情况下光缆最小弯曲半径为外径的 20 倍，光纤纤芯弯曲半径不小于 30mm。

4）敷设光缆前，电缆沟、电缆竖井应进行清扫，并清除电缆沟内的积水。合理安排施放场地，放线架应放置稳妥，钢轴的强度和尺寸应与电缆盘质量和宽度相配合，施放场地应设置围栏。

5）应以敷设计划为依据敷设光缆，应按先长光缆后短光缆的施放次序。施放时，光缆应从上端引出，并应避免光缆在支架、地面上硬拉摩擦，防止伤及光缆绝缘和缆身；当光缆在继电保护室电缆层桥架上敷设时，应在桥架拐角处做好防护措施。光缆上不得有压扁、绞拧、护层折裂等机械损伤。

6）敷设光缆时应排列整齐、布局合理、自然美观，尽量避免交叉，并加装标签。

3. 光缆的整理及固定

（1）敷设光缆后，应及时进行整理、固定和绑扎，垂直敷设或超过 45°倾斜敷设的光缆每个支架，桥架上每隔 2m 处，拐弯处、分支处、电缆接头的两端、直线电缆沟每 5～10m 段处应固定。首尾两端需做密封防潮处理，并有防外力损伤线缆的措施。

（2）在保护屏下方留有适量余缆，整理整齐、固定牢固，按光缆的实际位置有序地将光缆（尾纤）引入屏中。

（3）光缆进入屏柜后预留长度应整齐、统一，固定牢固。光缆开剥高度应与实际环境相匹配，开剥处应光滑、不带尖刺。剖口处加装热缩套管或电工胶布，热缩套管长度应统一适中，热缩均匀，开剥时注意不要伤到内护管，预留长度取 1.5m 左右。盘入光纤盘内，与尾纤对比，确定熔接位置。

4. 光纤预盘

（1）将光纤盘入光纤盒进行预盘纤，此过程保证接续完成后，光纤可顺利盘入光纤盒内并整齐美观，并可保证光纤弯曲半径，避免扭曲、挤压。

（2）根据光纤芯数，预先规划好光纤安放位置及走向，预留长度应保证熔接操作所需，一般为600～1000mm。根据光缆穿入光纤盒后确定位置，截除多余部分，准备熔接光纤纤芯。

（3）用专用剥纤钳剥去光纤色谱着色层并再次清洁。剥除后光纤长度为40mm左右，用无水乙醇再次清洁光纤，用力适度，防止光纤纤芯断裂。

（4）光缆应集中分类存放，并应标明型号、规格、长度。光缆盘堆放处，地基应坚实，盘下应加垫，存放处不得积水。光缆附件的防潮包装应密封良好，并应根据材料性能和保管要求储存和保管。

（5）敷设光缆时，为避免牵引过程中光纤受力和扭曲，在必要时必须制作光缆牵引端头；施工中光缆的弯曲半径不得超出规程规定，光缆必须从光缆盘上方引出并保持松弛弧形且无扭转、严禁弯折扭曲等，从而尽可能地降低光缆中光纤受损伤的几率，避免因光缆端部的光纤受损伤而使光纤接头熔接损耗增大。

（6）应由训练有素、经验丰富的接续施工人员来完成光纤的接续工作，要严格按光纤接续工艺流程边熔接边测量光纤接头熔接损耗；熔接损耗超出规范要求的接头必须重新熔接，但反复熔接的次数不得超过4次。

（7）确保光纤熔接的良好环境。接续光纤须在整洁的环境中进行，在多尘及潮湿的环境中不宜进行熔接。

（8）使用熔接机时应严格遵守以下操作要求：

1）熔接机及切割刀具等对光纤熔接损耗有较大影响，熔接时要根据光纤类型正确、合理地设置熔接参数，如预熔电流、预熔时间及主熔电流、主熔时间等。

2）熔接时应及时除去熔接机内以及切割刀具中的光纤碎末和粉尘，还应避免在潮湿环境中熔接光纤。

3）及时关注放电极的使用周期。使用时间较长的熔接机电极上面会有一层灰垢导致放电电流偏大而使熔接损耗值增大，此时可拆下电极用无水乙醇棉轻轻擦拭后再装到熔接机上并放电清洗一次，若多次清洗后放电电流仍偏大，则需重新更换电极。

任务 4.2 电缆整理、固定

1. 电缆整理、固定的操作

（1）电缆固定规定。

1）垂直敷设或超过 30°倾斜敷设的电缆，在每个支架上应固定牢固。

2）水平敷设的电缆，在电缆首末两端及转弯、电缆接头的两端处应固定牢固；当对电缆间距有要求时，每隔 5～10m 处应固定牢固。

3）单芯电缆的固定应符合设计要求；交流系统的单芯电缆或三芯电缆分相后，固定夹具不得构成闭合磁路，宜采用非铁磁性材料。

（2）电缆整理、固定操作步骤。

1）电缆整理、固定过程中，施工人员应同时再次对电缆外观进行检查。如发现电缆绞拧、压扁、扭曲、损坏等现象，应及时向现场工作负责人汇报。

2）在控制室电缆沟出口处开始进行电缆整理工作，一般由外至内进行，也可内外同时开展整理工作。入口处电缆敷设时已分层摆放，将每一层电缆用铁扎线绑扎固定在支架上。同时检查入口处临时标识牌，如有脱落或悬挂不牢固时，应及时予以增补或重新悬挂。

3）由主控室向室外开始整理，一般原则是：同列支架由下层向上层开始整理固定，如两侧均有支架和电缆，则左右交替向前整理。支架上若有敷设电缆槽盒，对槽盒内电缆一并进行整理。

4）电缆固定常见方式有两种：① 绑扎点选择在支架或桥架横撑上，将同一位置处每根电缆均与横撑进行绑扎固定；② 将同排电缆相互之间进行绑扎，位置根据现场需要确定。电缆绑扎应使成排电缆在一个平面上，电缆之间排列整齐、间隙均匀，扎线接头应放在电缆背面。

5）按照由后向前的顺序，将支架上电缆一根根捋直，使每根电缆保持平直，相互不交叉。适当调整每根电缆的弧度，保证电缆在支架上不应有弯曲和下垂现象。直线段电缆每层每隔 5～10m 绑扎一次。

6）拐弯处电缆整理主要控制两个方面：① 保证电缆的拐弯半径符合要求；② 电缆排列整齐，弧度一致。拐弯处电缆绑扎应适当增加绑扎点，防止直线段电缆拽动时影响拐弯处弧度。

7）槽盒内电缆整理固定时，使线缆在槽盒内排列整齐，在拐弯部位适当进行绑扎固定即可。

8）支架、桥架上电缆整理过程中，如发现个别电缆存在交叉现象，应从电缆较短那头将电缆抽回重新进行敷设，在支架上重新进行固定。

9）最底层电缆距离地面高度应在 100mm 以上，对支架最底层电缆整理、固定时，应同时复查电缆与电缆沟地面高度。尤其在转弯部位，如电缆距离地面高度不满足要求时应适当增加电缆支架。

10）电缆竖井、桥架处电缆整理、固定时，垂直或超过 45° 倾斜角敷设的电缆，电缆与支架、桥架接触部位均应进行绑扎固定。

11）户内电缆整理一般从入口处开始，由近向远进行。使所有电缆、光缆、网线的裕度均汇集到盘柜下方。

12）电缆、光缆、网线整理、固定过程中，应注意对线缆的成品保护，不得伤到线缆。对线缆轻拉轻拽，并防止临时标识牌脱落。每根线缆到达屏、柜、箱等终点位置时，应检查是否与临时标识牌上位置一致，如发现问题，应及时与现场工作负责人联系。

13）线缆在电缆通道内整理、固定完成后，应及时将通道内卫生打扫干净。为下一步线缆传入屏、柜、箱做好准备工作。

2. 电缆整理、固定工艺要求

（1）直线段电缆支架、桥架上电缆应保持顺直，不得有过大弯曲或下垂现象，在电缆沟拐弯处、电缆层井口处电缆弯曲弧度一致，过渡自然，可适当增加绑扎次数。

（2）垂直敷设或超过 45° 倾斜敷设的电缆在每个支架、桥架上每隔 2m 处固定。

（3）水平敷设的电缆，在电缆首末两端及转弯处应固定，直线段每隔 5～10m 处固定一次。

（4）单芯电缆的固定应符合设计要求，单芯电力电缆固定夹具或材料不应构成闭合磁路。

（5）电缆下部距离地面高度应在 100mm 以上。

（6）光缆、网线在槽盒内排列整齐，均匀分布，呈松弛状态。在拐弯部位，为防止拉动造成曲率半径过小，需做适当绑扎。

电缆整理及固定见图 4-19。

图 4-19 电缆整理及固定

任务 4.3 电力电缆绝缘线芯颜色标识

1. 五芯电力电缆

（1）电缆中应包含全部工作芯线和用作保护零线或保护线的芯线。需要三相四线制配电的电缆线路必须采用五芯电力电缆，见图 4-20。

（2）五芯电缆中必须包含淡蓝、绿/黄两种颜色绝缘芯线。淡蓝色芯线必须用作 N 线；绿/黄双色芯线必须用作 PE 线，严禁混用。主线芯颜色常采用黄、绿、红。

2. 蓄电池电缆

图 4-20 五芯电力电缆

蓄电池电缆引出线正极为赭色（棕色），负极为蓝色。

任务 4.4 光缆型号、光纤型号及光纤连接器

1. 光缆分类及型号

单模光缆与多模光缆的规格（芯数）有 2、4、6、8、12、16、20、24、36、48、60、72、84、96 芯等，区分如下：

（1）用型号区分，GYFTY、GYFTZY 一般为多模；GYXTW、GYTS 一般为单模。

【例一】GYXTW-4B1

GYXTW 为光缆型号，标准中心束管式光缆；4 代表此条光缆为 4 芯；B1

代表此光缆采用的是单模 G.652B 光纤。

【例二】GYTS - 8B4

GYTS 为光缆型号，标准松套管层绞式光缆；8 代表此条光缆为 8 芯；B4代表此光缆采用的是单模 G.655 光纤。

【例三】GYFTY - 16A1b

GYFTY 为光缆型号，标准非金属松套管层绞式光缆；16 代表此条光缆为16 芯；A1b 代表此光缆采用的是多模 62.5/125 光纤。

【例四】GYFTZY - 24A1a

GYFTZY 为光缆型号，标准非金属松套管层绞式阻燃光缆；24 代表此条光缆为 24 芯；A1a 代表此光缆采用的是多模 50/125 光纤。

（2）用标识区分，MM 为多模，SM 为单模。

（3）室内单模光缆为黄色，多模光缆为橙色。

2. 光纤连接器分类及型号

光纤连接器按传输媒介的不同可分为常见的硅基光纤的单模和多模连接器，还有其他如以塑胶等为传输媒介的光纤连接器；按连接头结构形式可分为FC、SC、ST、LC、D4、DIN、MU、MT、MPD 等各种形式，见图 4 - 21。其中，ST 连接器通常用于布线设备端，如光纤配线架、光纤模块等；而 SC 和MT 连接器通常用于网络设备端。按光纤端面形状分有 FC、PC（包括 SPC 或UPC）和 APC；按光纤芯数划分还有单芯和多芯（如 MT - RJ）之分。光纤连接器应用广泛，品种繁多。

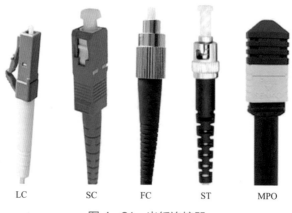

LC　　　SC　　　FC　　　ST　　　MPO

图 4 - 21　光纤连接器

在变电站实际施工过程中，多模尾缆大部分是 ST 或者 LC 的接头，因此在敷设前要注意区分，应根据电缆清册中光缆型号并对照相应的屏柜设备进行敷设。

思考题

1. 单选题：尾纤不得直接塞入线槽或用力拉扯，铺放盘绕时应采用圆弧形弯曲，弯曲直径不应小于（　　）mm，应采用软质材料固定，且不应过紧。

A. 50　　　　　　B. 100　　　　　　C. 150　　　　　　D. 200

答案：B

2. 单选题：敷设光缆后，应及时进行整理、固定和绑扎，垂直敷设或超过（　　）倾斜敷设的光缆每个支架，桥架上每隔 2m 处，拐弯处、分支处、电缆接头的两端、直线电缆沟每 5～10m 段处应固定。

A. 30°　　　　　　B. 35°　　　　　　C. 40°　　　　　　D. 45°

答案：D

3. 单选题：对开挖的电缆小沟进行检查，直埋小沟开挖深度宜大于（　　）mm，宽度宜大于 500mm，且能满足电缆敷设要求。

A. 600　　　　　　B. 650　　　　　　C. 700　　　　　　D. 750

答案：C

4. 单选题：电缆线路的施工质量标准中，电缆管的内径不小于（　　）倍电缆外径。

A. 1.1　　　　　　B. 1.3　　　　　　C. 1.4　　　　　　D. 1.5

答案：D

5. 单选题：在运输装卸过程中，应避免电缆及电缆盘受到损伤。电缆盘不应（　　）。

A. 汽车吊装　　　　　　　　　　B. 直立运输、直立储存

C. 平放运输、平放储存　　　　　D. 室内储存

答案：C

6. 单选题：制作电缆终端与接头，从剥切电缆开始应连续操作直至完成，应缩短（　　）。

A. 制作时间　　　　　　　　　　B. 绝缘暴露时间

C. 绝缘层打磨时间　　　　　　　D. 施工时间

答案：B

7. 单选题：电缆管直埋敷设时，宜有不小于（　　）%的排水坡度。

A. 0.2　　　　B. 0.1　　　　C. 0.02　　　　D. 0.01

答案：A

8. 单选题：明敷电缆管，当塑料管直线长度超过（　　）的时，加装伸缩节。

A. 30　　　　B. 25　　　　C. 15　　　　D. 20

答案：A

9. 单选题：在敷设电缆管时应尽量减小弯头，如实际施工中不能满足要求时，可采用（　　）的管子或适当部位设置接线盒，以利电缆的穿设。

A. 内径较小　　B. 内径较大　　C. 外径较小　　D. 外径较大

答案：B

10. 单选题：低压电力电缆中应包含全部工作芯线和用作工作零线、保护零线的芯线。其中（　　）色芯线用作工作零线（N线）。

A. 黄绿　　　　B. 绿　　　　C. 黄　　　　D. 淡蓝

答案：D

11. 单选题：蓄电池电缆引出线正极为赭色，负极为（　　）。

A. 棕色　　　　B. 黄色　　　　C. 红色　　　　D. 蓝色

答案：D

12. 单选题：屏、柜内的元器件和电缆都均有接地，接地线应有标示，一般选用接地线的颜色为（　　）。

A. 黄色　　　　　　　　　　　B. 绿色

C. 黄绿相间　　　　　　　　　D. 与电缆芯一致

答案：C

13. 判断题：控制电缆之间交叉敷设时，最小净距为 0.5m；10kV 及以下电力电缆间及其与控制电缆间平行敷设最小净距为 0.1m，交叉敷设最小净距为 0.5m。　　　　　　　　　　　　　　　　　　　　（　　）

答案：正确

14. 判断题：屏柜内部的尾纤应留有一定裕度，并有防止外力伤害的措施，避免屏柜内其他部件的碰撞或摩擦。　　　　　　　　　　　　（　　）

答案：正确

15. 判断题：尾纤标识应清晰规范，符合设计要求。保护屏至继电保护接

口设备的备用纤芯应做好防尘和标识。 （ ）

答案：正确

16. 判断题：确保光纤熔接的良好环境。接续光纤须在整洁的环境中进行，在多尘及潮湿的环境中不宜进行熔接。 （ ）

答案：正确

17. 判断题：电缆线路的施工，应制定安全技术措施。施工安全技术措施，应符合本标准及产品技术文件的规定。 （ ）

答案：正确

18. 判断题：电缆外观应无损伤，当对电缆的外观和密封状态有怀疑时，应进行受潮判断；埋地电缆与水下电缆应试验并合格，外护套有导电层的电缆，应进行外护套绝缘电阻试验并合格。 （ ）

答案：正确

19. 判断题：电缆管走向宜与地面平行或垂直，并排敷设的电缆管应排列整齐。 （ ）

答案：正确

20. 判断题：槽盒内电缆整理固定时，使线缆在槽盒内排列整齐，在拐弯部位适当进行绑扎固定即可。 （ ）

答案：正确

21. 判断题：交流系统的单芯电缆，固定夹具不得构成闭合磁路，三芯电缆分相后可采用钢性材料固定。 （ ）

答案：错误

22. 多选题：电缆管的连接应符合下列（ ）要求。

A. 相连接两电缆管的材质、规格宜一致

B. 金属电缆管连接可以直接对焊

C. 硬质塑料管在套接或插接时，其插入深度宜为管子内径的 1.1～1.8 倍

D. 水泥管连接宜采用管箍或套接方式，管孔应对准，接缝应严密，管箍应有防水垫密封圈，防止地下水和泥浆渗入

答案：ACD

23. 多选题：电缆支架、桥架上拐弯处电缆整理主要控制电缆以下几个方面（ ）。

A. 拐弯半径 B. 排列整齐 C. 弧度一致 D. 间隙均匀

答案：ABCD

24. 多选题：电缆固定的要求之一：（   ）的电缆在每个支架上应将电缆固定。

A. 平行敷设
B. 垂直敷设
C. 超过 45°倾斜敷设
D. 超过 15°倾斜敷设

答案：BC

25. 多选题：施工用电电缆线路应采用（   ）。

A. 埋地或架空敷设
B. 埋深不小于 0.5m
C. 禁止沿地面明设
D. 应避免机械损伤和介质腐蚀

答案：ACD

26. 多选题：屏内所有配线颜色应采用（   ）。

A. 黄色
B. 黑色
C. 绿色
D. 红色

答案：ACD

| 项目五 二 次 接 线 施 工 |

任务 5.1 二次回路接线

1. 二次接线施工准备

（1）图纸资料准备。二次回路接线前，接线人员应将电缆清册、回路图、接线端子排图纸、接线表等图纸资料准备齐全，熟悉所需接入的回路功能、是否带电、接线位置、电缆型号、线芯及备用芯数量等技术参数。

（2）端子及内部配线检查。二次回路接线前，应检查接线端子的数量、短接连片、规格型号、排列顺序、安装位置、内部配线与图纸是否一致。

2. 二次接线操作步骤及工艺

（1）电缆排列核对。为保证二次接线的工艺美观，在电缆固定时应按照电缆接线位置的高低顺序，进行电缆排列策划。其排列的规则为上远下近、内高外低。上远下近是指线芯接入的端子排高处的电缆排列在端子排的远端，位置低的排列在端子排的近端。内高外低是指电缆较多时，需将电缆分层固定，应按照上远下近的原则先将内层的电缆固定好，再按照接线顺序固定外层电缆。二次接线前应认真复核电缆排列的顺序，发现错误时，应重新进行电缆排列固定。

（2）电缆线芯破束。二次接线所使用的电缆内部线芯一般绞合成一束。现场使用时，需将线芯分散。破束时，施工人员应将电缆线芯拉直，手持线芯端部按照线芯绞合的反方向转动线芯，将线芯束散开，分散为单根的线芯，以便于下一步的线芯校直作业。线芯破束时，如线芯中部有填充物，应从根部将填充物去除。

（3）线芯校直。对于不大于 4mm² 截面的线芯，一般使用钳子固定住线芯的端子，人力拉直的方法。对于 6mm² 以上截面的线芯由于线径较粗，很难拉直，可采用戴厚手套沿线芯根部向端部方向顺直的方法，将线芯校直。线芯校直时，注意不能用力过大，避免使线芯受力变形，线芯截面减少的情况发生。

（4）线束绑扎固定。电缆线芯校直后，先将每一根电缆上的线芯单独绑扎成为一束。绑扎时使用电缆扎带从电缆头上部开始向端部方向进行绑扎，线芯应顺直，无交叉缠绕现象。线束绑扎整理结束后，按照所接入盘柜的最远接线端子预留线芯长度，并将多余长度去除。按照电缆排列的顺序将线芯竖起并进行固定。固定时，将扎带的头部转至线芯背面。电缆线束固定方式一般有网格式排列固定、整体绑扎成束固定、线槽内固定三种。

1）网格式排列固定。单根成束固定方法是现场最常用的方法之一，适用于线芯全部为硬线的电缆。首先按照电缆的排列顺序，利用盘柜等设备框架，将电缆逐根排列固定。电缆应从外侧接线位置较高的电缆开始固定，从下而上，按照一致的间距（15～20cm）使用电缆扎带进行均匀绑扎。当第一根电缆固定完毕后，其余电缆在线芯根部进行两次弯折后紧靠前一根电缆，形成整齐的线芯束，以节省空间。排列时应注意各束电缆的弯曲角度一致、电缆扎带的固定位置应保持一致，线束排列应横平竖直、美观统一。当电缆较多，需分层排列时，应完成第一层电缆排列和接线后，再进行后几层电缆的固定接线。

2）整体绑扎成束固定。整体绑扎成束固定的方式适用于电缆线芯多为硬线，且电缆进线部位宽阔的电缆排列。首先从电缆根部开始，将单根电缆线芯绑扎成束后，将相同走向的电缆线芯绑扎成为一主线束，整体沿盘柜接线端子外侧进行固定。线芯接线时，将所需接线的线芯整体引出形成分线束，在引至接线位置后分别将线芯抽出接入端子。经绑扎的线束及分线束应做到横平竖直、走向合理、整齐美观，线束的绑扎的间距不应过大（50～100cm），并且间距统一。在分线束引出位置和线束拐弯处应有绑扎措施。二次电缆绑扎固定见图 4-22。

图4-22　二次电缆绑扎固定

3）线槽内固定。线槽内固定方式适用于以多股软线为主的电缆固定。在线束固定前，应按照线芯接线的路径提前将规格合适的线槽布置好。线槽的选择应不小于电缆布置宽度和后期扩建的需求，并留有线芯接线的空间。电缆固定时，先将单根电缆线芯绑扎成束后，垂直或略有倾斜的折弯后放入线槽；并在接线位置将线芯从线槽侧面的穿线孔中引出，接入端子。接线位置不在线槽两侧的线芯，可以增加过渡线槽的方式，引至相应的接线位置。

（5）线芯折弯。二次接线时，盘柜内的电缆线芯，应垂直或水平有规律进行配置，不得任意歪斜、交叉连接。需将线芯从固定线束中抽出后，按照所接入的端子高度，向端子排方向折90°弯，使线芯能够接入端子内。线芯折弯时，应使用手指或加保护衬垫的尖嘴钳等工具进行弯曲，防止损伤线芯绝缘。线芯折弯常用的有直线式、C型和S型三种形式。

1）直线式折弯。直线式折弯方式常用于网格式排列及线槽固定的情况。线芯折弯过程中，在与需接入端子平行的部位进行90°水平折弯，然后直接将线芯接入端子，其折弯点与端子之间为直线连接。接线时，按照从高向低的接线顺序，逐根接入。该方法工艺简单、接线效率高，但是线芯没有备用余量，发生接线位置变更时，修改较为困难。

2）C型折弯式。C型折弯方式常用于网格式及整体绑扎成束固定的情况，见图4-23。

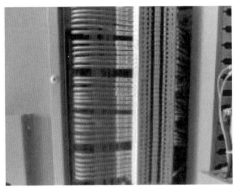

图4-23 C型折弯式

线芯一般从线束背后抽出，在沿接线端子相反方向水平位置进行 90°水平折弯，待全部电缆线芯均竖直并绑扎固定后，再将所有需接入线芯按照统一的C型弯曲弧度接入端子。线芯在弯曲C型弧度时，可使用一根直径合适（15～20mm）的 PVC 管作为模具，确保线芯的弯曲弧度自然、大小一致，弯曲半径不能过小，避免损伤线芯及绝缘。该方法工艺美观、接线效率较高，线芯有一定备用余量，发生接线位置变更时，能进行较大范围内的修改。

3）S型折弯式。S型折弯方式常用于网格式及整体绑扎成束固定的情况。线芯一般从线束背后抽出，在与接线端子水平位置进行 90°水平折弯，水平线段内预留 S型弯曲弧度后再将线芯接入端子，S型弯曲要求弧度自然、大小一致，半径不能过小，避免损伤线芯及绝缘。该方法常用于电流回路接线使用，便于钳形电流表进行测量，接线工艺要求高，线芯有较多备用余量，发生接线位置变更时，能进行较大范围内的修改。

（6）电缆终端制作。

1）电缆、导线不应有中间接头，必要时，接头应接触良好、牢固，不承受机械拉力，并应保证原有的绝缘水平。

2）制作电缆终端与接头，从剥切电缆开始应连续操作直至完成，缩短绝缘暴露时间。

3）塑料绝缘电缆在制作终端头和接头时，应彻底清除半导电屏蔽层。

4）单层布置的电缆头的制作高度宜一致；多层布置的电缆头高度可以一致，或从里往外逐层降低；同一区域或每类设备的电缆头的制作高度和样式应统一。

5）控制电缆终端头可采用热缩型，也可以采用塑料带、自黏带包扎。接头应有防潮措施。

电缆终端制作见图4-24。

图4-24 电缆接头施工

（7）端子接线。线芯折弯到端子位置后，即可进行端子接线工作。端子接线应按照下列原则进行作业：

1）接线前，先检查电缆线芯，不应有接头，线芯应无损伤。线芯与电气元件之间应采用螺栓连接、插接、焊接或压接等方式可靠连接，端子均应固定牢固。使用有效的图纸资料再次核对接入位置，确定无误后，才能将该线芯按需要长度剪断。

2）每个接线端子的每侧接线宜为 1 根，不得超过 2 根；对于插接式端子，不同截面的 2 根导线不得接在同 1 端子中；螺栓连接端子接 2 根线时，中间应加平垫片。

3）用剥线钳剥除线芯绝缘护套时，其去除的长度和接入端子的插孔深度应一致，不宜过长，剥线钳的规格应和线芯截面一致，不得损伤线芯。

4）线芯绝缘去除后，从截断的线头上取下线芯标识，按照正确的方向套入待接入线芯。将剥除绝缘护套的线芯导体插入端子，并紧固螺栓。

5）对于螺栓式端子，需将剥除绝缘护套的线芯弯圈，弯圈的方向为顺时针，弯圈的大小和螺栓的大小相符，不宜过大，否则会导致螺栓的平垫不能压住弯曲的线芯。

6）对于多股芯的线芯，应采用压线鼻子或在端部进行搪锡处理后方可接入端子。采用压线鼻子接线时，线鼻子应和线芯的规格、端子接线方式及端子螺栓规格一致。不得采用剪除线芯铜丝、扩大线鼻子接线孔等减少导体截面积的方式来强行接入端子。多股软铜线剥除绝缘护套时，其长度应与线鼻子相符，不宜将线芯露出。线芯采用搪锡方式处理时，应保证线头不发生松散现象。

7）盘柜内配线时，应使用与外回路线径相匹配的配线。电流回路配线应采用截面不小于 2.5mm^2、标称电压不低于 450/750V 的铜芯绝缘导线，其他回路截面不应小于 1.5mm^2；电子元件回路、弱电回路采用焊锡连接时，在满足载流量和电压降及有足够强度的情况下，可采用不小于 0.5mm^2 截面的绝缘导线。

8）同一盘内配线颜色应一致（设计有要求的除外）。线芯标识的方向、标识内容形式应与盘内的其他二次线保持一致。线束绑扎松紧适当，匀称、形式一致。用于可动部分的导线应选用多股软铜线，并加塑料管或包塑料带进行保护；配线应正确无误，绝缘良好。

9）二次回路接线时线芯长度应适中，不得拉扯线芯强行接入端子，使接线端子承受额外机械应力。接线过程中，应将线芯固定扎带的端部在线芯背后进行收紧，避免露在外侧划伤人员。

10）当一侧线芯已接入可能带电的端子后，应将同一根电缆的对侧线芯的端部金属部分进行绝缘处理，防止误碰带电部分。

（8）备用线及屏蔽线处理。

1）电缆的备用芯应留有适当的余量（能接到最远端子处）。备用线芯剪成统一长度，每根电缆单独垂直布置，也可以将备用芯按照每一根同时弯圈布置，可以单层或多层布置。备用芯的导体不应裸露，线芯加装护套且使用线芯标识出电缆编号，便于后期的备用线查找。

2）盘柜上装置的接地端子连接线、电缆铠装及屏蔽接地线应用黄绿绝缘多股接地铜导线与接地铜排相连、电缆铠装的接地线截面宜与线芯截面相同，且不应小于 $4mm^2$。

3）电缆的屏蔽线宜在电缆背面成束引出，编织在一起引至接地排，单束的电缆屏蔽线根数不宜过多，引至接地排时，屏蔽线接至屏蔽铜排的接线方式一致，线芯排列自然美观、弧度一致。

4）屏蔽线接至接地排时，可以采用单根压接或多根压接的方式，多根压接时，可将不超过 6 根的接地线同压一接线鼻子，并对接线鼻子的根部进行热缩处理。接地线应与接地铜排可靠连接。

（9）二次接线整理。当屏柜内二次接线结束后，需进行二次接线的整理。整理时，将全部的线芯标识进行调整，使之全部对齐。对二次接线的电缆扎带进行收紧检查，并将多余的扎带头剪除。调整线芯的平直度，保证盘柜内的接线横平竖直、统一美观，如图 4-25 所示。

图 4-25　备用芯整齐、规范

任务 5.2　引入盘、柜内的电缆及其线芯安装

1. 引入盘、柜内的电缆及其芯线安装要求

（1）电缆、导线不应有中间接头，必要时，接头应接触良好、牢固，不承受机械拉力，并应保证原有的绝缘水平；屏蔽电缆应保证其原有的屏蔽电气连接作用。

（2）电缆应排列整齐、编号清晰、避免交叉、固定牢固，不得使所接的端子承受机械应力。

（3）铠装电缆进入盘、柜后，应将钢带切断，切断处应扎紧，钢带应在盘、柜侧一点接地。

（4）屏蔽电缆的屏蔽层应接地良好。

（5）橡胶绝缘芯线应外套绝缘管保护。

（6）盘、柜内的电缆芯线接线应牢固、排列整齐，并应留有适当裕度；备用芯线应引至盘、柜顶部或槽末端，并应标明备用标识，芯线导体不得外露。

（7）强、弱电回路不应使用同一根电缆，线芯应分别成束排列。

（8）电缆芯线及绝缘不应有损伤；单股芯线不应因弯曲半径过小而损坏线芯及绝缘。单股芯线弯圈接线时，其弯线方向应与螺栓紧固方向一致；多股软线与端子连接时，应压接相应规格的终端附件。

盘柜二次接线见图 4-26。

图 4-26　盘柜二次接线

2. 引入盘、柜内的电缆及其芯线安装施工要点

（1）核对电缆型号必须符合设计要求。电缆剥除时不得损伤电缆芯线。

（2）电缆号牌、芯线和所配导线的端部的回路编号应正确，字迹清晰且不易褪色。

（3）芯线接线应准确、连接可靠，绝缘符合要求，盘柜内导线不应有接头，导线与电气元件间连接牢固可靠。

（4）宜先进行二次配线，后进行接线。对于插接式端子，不同截面的两根导线不得接在同1端子上；插入的电缆芯剥线长度适中，铜芯不外露；电流回路端子的1个连接点不应压2根导线，也不应将两根导线压在1个压接头再接至1个端子。对于螺栓连接端子，需将剥除护套的芯线弯圈，弯圈的方向为顺时针，弯圈的大小与螺栓的大小相符，不宜过大，当接两根导线时，中间应加平垫片。

（5）多股芯线应压接插入式铜端子或搪锡后接入端子排。

（6）间隔10个及以上端子排的二次配线应加号码管。

（7）装有静态保护和控制装置屏柜的控制电缆，其屏蔽层接地线应采用螺栓接至专用接地铜排。

（8）每个接地螺栓上所引接的屏蔽接地线鼻不得超过2个。

🔍 思 考 题

1. 单选题：二次接线时每个接线端子不得超过（　　）根接线，不同截面积芯线不容许接在同一个接线端子。

A. 1　　　　　　B. 2　　　　　　C. 3　　　　　　D. 4

答案：B

2. 多选题：二次回路原理图的设计要保证各种装置功能的全面实现，要满足（　　）对二次接线的要求。

A. 质量标准　　　B. 各相关规程　　　C. 反事故措施　　　D. 设备规范

答案：BC

3. 单选题：屏蔽线接至接地排时，可以采用单根（　　）或多根（　　）的方式。

A. 压接，压接　　B. 压接，焊接　　C. 焊接，压接　　D. 焊接，焊接

答案：A

4. 单选题：对于电流互感器二次侧接地要求，电流互感器的二次回路应（　　）。

A. 不接地　　　　B. 有一点接地　　C. 有两点接地　　D. 防止短路

答案：B

5. 单选题：由几组电流互感器二次组合的电流回路，如差动保护、各种双断路器主接线的保护电流回路，其接地点宜选择在（　　）。

A. 控制室　　　　　　　　　B. 电流互感器根部

C. 开关场　　　　　　　　　D. 保护装置侧

答案：A

6. 单选题：电流互感器的二次回路严禁（　　）。

A. 短路　　　　B. 断路　　　　C. 开路　　　　D. 闭路

答案：C

7. 单选题：为了防止电压互感器二次回路短路引起过电流，一般在电压互感器的二次绕组出口处装有（　　）。

A. 高压熔断器　　B. 空气开关　　C. 熔断丝　　　　D. 低压熔断器

答案：D

8. 单选题：电流互感器的二次回路应有（　　）接地点。

A. 不能有　　　　B. 有一个　　　C. 有两个　　　D. 有多个

答案：B

|项目六　二次接地施工|

任务 6.1　二次电缆等电位接地

（1）变电站应在主控室、保护室、敷设二次电缆的沟道、开关场的就地端子箱及保护用结合滤波器等处，使用截面面积不小于 100mm² 的裸铜排（缆）敷设与主接地网紧密连接的等电位接地网。铜排（缆）规格的选择应按照图纸设计要求。

（2）在主控室、保护小室内的电缆沟内，应在每条沟内均敷设铜排，将该铜排首末端连接（成"目字"结构），用 2 个 M10 的螺栓连接固定，在直角拐弯处应使用弯制成 90° 的铜排连接，形成保护室内的等电位接地网。铜排敷设在电缆支架的最上（下）层，与支架接触部分可用小型支柱绝缘子隔开。剪取 50mm 长度的热缩管，套入铜排上，放置在铜排与电缆支架接触的部分，热缩

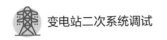

后在此处用扎带将铜排固定在支架上。

（3）保护室内的等电位接地网与变电站的主接地网只能存在唯一连接点，连接点位置宜选择在电缆竖井处或者电缆沟入口处。按照规定，为保证连接可靠，连接线必须用至少 4 根、截面面积不小于 50mm^2 的铜排（缆）构成共点接地。

（4）按照规定，屏柜应用截面面积不小于 50mm^2 的铜缆与保护室内的等电位接地网相连。用加工好的 50mm^2 黄绿软铜线一端连接在屏柜下方的接电铜排上，另一端连接在等电位铜排上，用螺栓固定，见图 4-27。

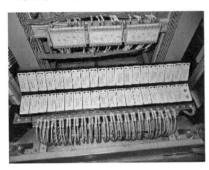

图 4-27　二次电缆屏蔽层等电位接地

（5）在室外，二次电缆沟道内敷设的接地铜排引入主控室、保护小室时，应与主控室、保护室内主接地网在电缆入口处一点连接。此接地点应与室内等电位接地网的接地点布置在一处。当主控室、保护室有多个电缆入口时，各二次电缆沟道内敷设的接地铜排应汇集到室内等电位接地网的接地点所处的电缆入口处，与主接地网在一点连通。

（6）在室外，铜排顺着电缆沟敷设，在直角拐弯处也应使用弯制成 90°的铜排连接，直至电缆沟尽头。铜排同样敷设在电缆支架上，使用绝缘子或者热缩套隔开，但是应分别在二次电缆沟远端处与主地网连接。

（7）按照规定，室外场地的就地端子箱应使用截面面积不小于 100mm^2 的铜缆与电缆沟道内的等电位接地网连接。同样用加工好的 100mm^2 黄绿软铜线一端连接在端子箱下方的接电铜排上，另一端连接在等电位铜排上，用螺栓固定。

（8）室外如设置有结合滤波器，则在相应间隔电缆沟内的等电位铜排上使用弯制成 90°的铜排延伸分叉，分叉后的铜排需全程伴随着高频电缆直至结合滤波器的引出端口，最后选择在距耦合电容器接地点 3～5m 处与主接地网连接。

任务 6.2 保护和控制回路的屏蔽电缆屏蔽层接地

1. 保护和控制回路的屏蔽电缆屏蔽层接地施工

用于保护和控制回路的屏蔽电缆屏蔽层接地应符合设计要求，当设计未做要求时，应符合下列规定：

（1）微机型继电保护装置之间、保护装置至开关场就地端子箱之间以及保护屏至监控设备之间所有二次回路的电缆均应使用屏蔽电缆，电缆的屏蔽层两端接地，严禁使用电缆内的备用芯线替代屏蔽层接地。

（2）远动、通信等计算机系统所采用的单屏蔽电缆屏蔽层，应采用一点接地方式；双屏蔽电缆外屏蔽层应两端接地，内屏蔽层宜一点接地。屏蔽层一点接地的情况下，当信号源浮空时，屏蔽层的接地点应在计算机侧；当信号源接地时，接地点应靠近信号源的接地点。保护和控制回路的屏蔽电缆屏蔽层接地见图 4-28。

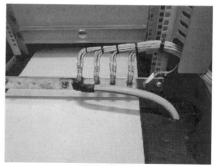

图 4-28 保护和控制回路的屏蔽电缆屏蔽层接地

（3）由一次设备（如变压器、断路器、隔离开关、电流互感器、电压互感器等）直接引出的二次电缆的屏蔽层应使用截面不小于 $4mm^2$ 多股铜质软导线仅在就地端子箱处一点接地，在一次设备的接线盒（箱）处不接地，二次电缆经金属管从一次设备的接线盒（箱）引至电缆沟，并将金属管的上端与一次设备的底座或金属外壳良好焊接，金属管另一端应在距一次设备 3～5m 之外与主接地网焊接。

2. 保护和控制回路的屏蔽电缆屏蔽层接地施工要点

（1）装有静态保护和控制装置屏柜的控制电缆，其屏蔽层接地线应采用螺栓接至专用接地铜排。

（2）电缆屏蔽接地线采用 4mm² 黄绿相间的多股软铜线与电缆屏蔽层紧密连接，接至专用接地铜排。

（3）接地线采用多股软铜线连接时应压接专用接线鼻。专用接线鼻应采用闭口式，规格与接地线相适应。

（4）专用接地铜排的接线端子布设合理，间隔一致。

（5）1 个接地螺栓上安装不超过 2 个接地线鼻。每个接线鼻子不超过 6 根屏蔽线。

（6）电缆屏蔽接地线压接牢固，绑扎整齐，走线合理、美观。

（7）电缆屏蔽接地线挂牌固定牢固，悬挂整齐。

思考题

1. 单选题：开关场的就地端子箱内应设置截面面积不小于 100mm² 的裸铜排，并应使用截面面积不小于（ ）mm² 的铜缆与电缆沟道内的等电位接地网可靠焊接。

A. 25　　　　　B. 50　　　　　C. 100　　　　　D. 120

答案：C

2. 单选题：保护室内的等电位接地网应与主接地网用截面面积不小于 50mm² 且不少于（ ）根的铜排（缆）可靠一点连接。

A. 3　　　　　B. 4　　　　　C. 5　　　　　D. 6

答案：B

3. 单选题：控制室、保护室的等电位接地网是采用（ ）制成。

A. 钢排　　　B. 铝排　　　C. 铜排　　　D. 不锈钢

答案：C

4. 单选题：根据规范要求明敷接地线的表面应涂以宽度相等的绿色和黄色相间条纹，间距宜为接地体宽度的（ ）倍，为 15～100mm，且最上一道为黄色。

A. 1　　　　　B. 1.5　　　　　C. 2　　　　　D. 2.5

答案：B

5. 单选题：扁钢与扁钢搭接时，焊接长度应为其宽度的（ ）倍，且至少 3 个棱边焊接。

A. 1　　　　　B. 2　　　　　C. 3　　　　　D. 4

答案：B

6. 单选题：分散布置的就地保护小室、通信室与集控室之间的等电位电网，应使用截面面积不小于（　　）mm^2 的铜排或铜缆可靠连接。

A. 25　　　　　　B. 50　　　　　　C. 100　　　　　　D. 120

答案：C

7. 单选题：屏柜内的接地铜排应用截面面积不小于（　　）mm^2 的铜缆与保护室内的等电位接地网相连。

A. 95　　　　　　B. 50　　　　　　C. 100　　　　　　D. 120

答案：B

8. 单选题：远动、通信等计算机系统所采用的单屏蔽电缆屏蔽层，应采用（　　）接地方式。

A. 一点　　　　　B. 一端　　　　　C. 两点　　　　　D. 两端

答案：A

9. 判断题：开关柜下部应设有截面面积不小于 $100mm^2$ 的接地铜排并连通，并应使用截面面积 $100mm^2$ 的铜缆与电缆沟道内的等电位接地网焊接。（　　）

答案：正确

10. 判断题：接地铜排应采用截面面积不小于 $100mm^2$ 的铜缆与保护室下层的等电位接地网相连。　　　　　　　　　　　　　（　　）

答案：错误

11. 判断题：在控制室、保护室屏柜下层的电缆室、电缆沟内，按屏柜布置的方向敷设 $100mm^2$ 的专用铜排，将该专用铜排首尾两端用放热焊接法连接好，形成"目"字型闭环回路，构成控制室、保护室的等电位接地网。　　　（　　）

答案：正确

12. 判断题：放热焊焊接点外观统一、牢固、可靠、不易腐蚀。（　　）

答案：正确

13. 多选题：接地线的连接工艺采用放热焊接时，其焊接接头应符合下列规定（　　）。

A. 被连接的导体截面应完全包裹在接头内

B. 接头的表面应平滑

C. 被连接的导体接头表面应完全熔合

D. 接头应无贯穿性的气孔

答案：ABCD

14. 判断题：圆钢与扁钢搭接时，其焊接长度为圆钢直径的 6 倍。　（　　　）

答案：正确

15. 判断题：扁钢开孔处、弯制时镀锌层脱落处不需要做防腐处理。（　　　）

答案：错误

16. 判断题：装设保护和控制装置的屏柜地面下设置的等电位接地网宜用截面面积不小于 100mm² 的接地铜排连接成首末可靠连接的环网，并应用截面面积不小于 50mm²、不少于 4 根钢缆与厂、站的接地网一点直接连接。

（　　　）

答案：正确

17. 判断题：保护装置至开关场就地端子箱之间二次回路电缆的屏蔽层应采用一端接地方式。　（　　　）

答案：错误

18. 判断题：远动、通信等计算机系统所采用的单屏蔽电缆屏蔽层，应采用一点接地方式。　（　　　）

答案：正确

19. 多选题：控制等二次电缆的屏蔽层接至等电位接地网，符合规范的是（　　　）。

A. 屏蔽电缆的屏蔽层应在开关场和控制室内两端接地

B. 在控制室内，屏蔽层直接接主接地网

C. 互感器经屏蔽电缆引至端子箱应在端子箱处一点接地

D. 对于双层屏蔽电缆，内屏蔽应一端接地，外屏蔽应两端接地

答案：ACD

20. 多选题：下列保护和控制回路的屏蔽电缆屏蔽层接地，采用一点接地方式的有（　　　）。

A. 远动、通信等计算机系统所采用的单屏蔽电缆屏蔽层

B. 电气保护及控制的单屏蔽电缆屏蔽层

C. 双屏蔽电缆外屏蔽层

D. 由一次设备直接引出的二次电缆的屏蔽层

答案：AD

|项目七   电缆标识牌制作及安装|

任务 7.1   电缆标识牌制作及安装

1. **电缆标识牌安装工艺**

标识牌装设应符合下列规定：

（1）在电缆头制作和芯线整理过程中可能会破坏电缆就位时的原有固定，故在电缆接线时应按照电缆的接线顺序再次进行固定，然后挂设电缆标识牌。

（2）电缆标识牌采用专用的打印机进行打印，标识牌打印排版合理，标识齐全，打印清晰。

（3）电缆标识牌的型号、打印的样式、挂设的方式应根据实际情况和策划的要求进行。

（4）电缆标识牌的固定可以采取前后交叠或并排，上下高低错位等方式进行挂设，但要求高低一致、间距一致，保证电缆标识牌挂设整齐、牢固。

（5）电缆标识牌的绑扎可以采用扎带、尼龙线、细 PV 铜芯线等材料。

2. **电缆标识牌制作**

（1）电缆标识牌制作要求。电缆标识牌制作大多采用烫塑工艺，使用标牌机通过热转印方式打印在标牌上，形成字迹清晰，不褪色的电缆标识牌，示例如图 4-29 所示。

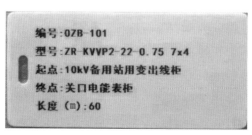

图 4-29   电缆标识牌示例

（2）电缆标识牌内容。电缆标识牌上应标明电缆编号、电缆规格、起点位置、终点位置及长度，应与电缆清册内所列和实际情况一致。每个二次接线单元内所有标识牌的起点位置或终点位置应保持一致，大多采用以起点位置保持一致制作电缆标识牌。每根电缆至少需制作两只标识牌，电缆编号、规格一致，起点、终点位置相反，本侧起点位置即为对侧终点位置。长电缆还需在控制室（保护小室）的入口增设标志牌，其内容与起点或终点标志牌内容一致即可。

（3）电缆标识牌制作常用材料。

1）标牌。电缆标牌材质有硬质丙烯酸类、PVC类和聚酯类等，尺寸大小也由现场确定。目前大多采用瓷白PVC材质，常用型号为长680mm、宽32mm、厚1mm。为方便悬挂固定，标牌上设单孔、双孔、三孔、四孔，孔型有圆形和椭圆形。

2）色带。电缆标牌机采用的热转印的工作原理，色带是标识牌制作的主要耗材之一。常用的色带有黑色、红色、绿色等，可根据现场需求选择合适的色带。不同型号标牌机色带型号各不相同，选用色带时应与标牌机匹配。

3）清洁带（盒）。为防止清洁滚过脏损坏标牌机打印头，标牌机还应配有清洁带（盒），用作对清洁滚进行清洁。选用清洁带（盒）应与标牌机匹配。

3.电缆标识牌安装

（1）电缆标识牌制作完成后，应按照不用二次接线单元整理分类，并做好标记，方便查找。整理依据为每个二次接线单元电缆标识牌起点位置应保持一致。电缆标识牌安装前，首先找到该对盘、柜、箱内所有电缆标识牌。

（2）对要安装的二次接线单元内所有电缆标识牌电缆编号整体浏览一遍，做到心中有数。按电缆排列顺序依次查找临时电缆标识牌，更换成制作好的电缆标识牌。

（3）单根电缆标识牌更换顺序：核对临时标识牌与制作好的电缆标识牌，核实电缆编号、型号、起点、终点位置，确认一致后剪断临时标识牌固定扎线取下标识牌。然后截取适当长度的标识牌扎线，一头拴在电缆头顶部，另一头拴在标识牌的挂孔上。

（4）将二次接线单元内所有临时标识牌更换成制作好的最终标识牌，同层排列的电缆截取标识牌扎线长度应一致，一般为20mm左右；电缆多层排列时，里层电缆标识牌扎线长度应适当放长。保证所有电缆标识牌挂设高度基本一致。

（5）控制室入口处电缆标识牌位置应该在阻火墙外侧，标识牌一般安装在控制室出口方向向外1m的位置。安装工作应在防火涂料涂刷后进行，涂料涂刷时应注意对临时标识牌的成品保护。可用塑料袋将临时标识牌包裹严实，防止涂料污染临时标识牌，待涂料风干后解除塑料袋。标识牌安装应齐全，支架上电缆标识牌应保持正面朝外，槽盒内电缆标识牌应保持正面朝上，见图4-30。

（6）为保证标识牌安装工艺美观，标识牌挂设后宜进行排列整理。直接使用最终标识牌进行电缆敷设和二次接线时，对标识牌应进行排列整理。标识牌整理后应排列整齐，间隙均匀。

图 4－30　电缆标识牌安装

🔍 思 考 题

1. 判断题：电缆标志桩应形式统一，固定牢固。　　　　　　　（　　）

答案： 正确

2. 判断题：电缆标识牌上应注明线路编号，且宜写明电缆型号、规格、起终地点；并联使用的电缆应有顺序号，单芯电缆应有相序或极性标识；标识牌的字迹应清晰不易脱落。　　　　　　　　　　　　　　　（　　）

答案： 正确

3. 判断题：电缆标识牌安装过程中如发现制作好的电缆标识牌与临时电缆标识牌（白纱带、标识挂牌）上内容不一致时，应查找电缆清册和二次接线图纸，查找原因，必要时重新制作标识牌。　　　　　　　　　（　　）

答案： 正确

4. 多选题：电网电缆线路应在（　　　）部位装设电缆标识牌。

A. 电缆终端及电缆接头处

B. 电缆管两端人孔及工作井处

C. 电缆隧道内转弯处、T 形口、十字口、电缆分支处

D. 电缆隧道内直线段每隔 50～100m 处

答案： ABCD

5. 多选题：电缆标识牌标识内容包括（　　　）等内容正确、齐全。

A. 编号　　　　　　B. 型号　　　　　　C. 规格　　　　　　D. 起终地点

E. 长度

答案： ABCDE

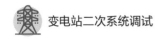

|项目八　蓄电池组施工|

任务 8.1　蓄电池组安装

1. 掌握蓄电池台架（柜）安装

蓄电池台架（柜）安装见图4-31。

（1）基架外观检查无变形，油漆未脱落。

（2）基架固定螺栓可靠固定。

（3）基架接地可靠接地。

（4）屏（台）垂直度误差小于1.5mm，相邻两盘顶水平偏差小于2mm，成列盘顶水平偏差小于5mm，成列盘面偏差小于5mm，盘间接缝间隙小于2mm。

图4-31　蓄电池台架（柜）安装

2. 蓄电池组及附件安装

（1）蓄电池外观检查。

1）外观检查无裂纹、无损伤。

2）蓄电池型号符合设计要求（如电压220V，容量600Ah）。

3）密封检查密封良好，无渗漏。

4）安全排气阀处于关闭状态。

5）接线柱极性正确，无变形，无损伤。

（2）蓄电池安装。

1）蓄电池安装平稳、间距均匀，不小于 5mm。

2）同一排、列蓄电池高低一致、排列整齐。

3）连接条与端子连接正确、紧固，接触部位涂有电力复合脂。

4）电池编号齐全、清晰。

（3）蓄电池（包括铅酸电池与镉镍碱性电池）安装前，应按下列规定进行外观检查。

1）蓄电池外观应无裂纹、无损伤；密封应良好，应无渗漏；安全排气阀应处于关闭状态。

2）蓄电池的正、负端接线柱应极性正确，应无变形、无损伤。

3）透明的蓄电池槽，应检查极板无严重变形；槽内部件应齐全，无损伤。

4）连接条、螺栓及螺母应齐全。

（4）清除蓄电池表面污垢时，对塑料制作的外壳应用清水或弱碱性溶液擦拭，不得使用有机溶剂清洗。

（5）蓄电池组的安装应符合下列规定：

1）蓄电池放置的基架及间距应符合设计要求；蓄电池放置在基架后，基架不应有变形；基架宜接地。

2）蓄电池在搬运过程中不应触动极柱和安全排气阀。

3）蓄电池安装应平稳，间距应均匀，单体蓄电池之间的间距不应小于5mm；同一排、列的蓄电池槽应高低一致，排列应整齐。

4）连接蓄电池连接条时应使用绝缘工具，并应佩戴绝缘手套。

5）连接条的接线应正确，连接部分应涂以电力复合脂。螺栓紧固时，应用力矩扳手，力矩值应符合产品技术文件的要求。

6）有抗震要求时，其抗震设施应符合设计要求，并应牢固可靠。

（6）蓄电池组的电缆引出线正、负极的极性及标识应正确，且正极应为赭色，负极应为蓝色。蓄电池组电源引出电缆不应直接连接到极柱上，应采用过渡板连接。电缆接线端子处应有绝缘防护罩。

（7）蓄电池组的每个蓄电池应在外表面用耐酸或耐碱材料标明编号。

蓄电池组及附件安装见图 4-32。

图 4-32 蓄电池组及附件安装

任务 8.2 蓄电池充放电试验及要求

1. 阀控式密封铅酸蓄电池组充、放电要求

蓄电池组安装完毕后，应按产品技术文件的要求进行充电，并应符合下列规定：

（1）充电前应检查蓄电池组及其连接条的连接情况。

（2）充电前应检查并记录单体蓄电池的初始端电压和整组电压。

（3）充电期间，充电电源应可靠，不得断电。

（4）充电期间，环境温度应为 5～35℃，蓄电池表面温度不应高于 45℃。

（5）充电过程中，室内不得有明火；通风应良好。

（6）蓄电池组安装完毕投运前，应进行完全充电，并应进行开路电压测试和容量测试。

（7）完全充电的蓄电池组开路静止 24h 后，应分别测量和记录每只蓄电池的开路电压，应满足表 4-9 的规定。

表 4-9 开路电压最高值和最低值的差值表

标称电压（V）	开路电压最高值和最低值的差值（mV）
2	20
6	50
12	100

（8）10h 率容量测试应符合厂家技术文件及规范要求。

（9）在整个充、放电期间，应按规定时间记录每个蓄电池的电压、表面温度和环境温度及整组蓄电池的电压、电流，并应绘制整组充、放电特性曲线。

（10）蓄电池充好电后，应按产品技术文件的要求进行使用与维护。

2. 镉镍碱性蓄电池组充、放电要求

蓄电池的初充电应按产品技术文件的要求进行，并应符合下列规定：

（1）初充电期间，其充电电源应可靠，不得断电。

（2）初充电期间，室内不得有明火；通风应良好。

（3）装有催化栓的蓄电池应将催化栓旋下，待初充电完成后再重新装上。

（4）带有电解液并配有专用防漏运输螺塞的蓄电池，初充电前应取下运输螺塞换上有孔气塞，并检查液面不应低于下液面线。

（5）充电期间电解液的温度范围宜为 20℃±10℃；当电解液的温度低于 5℃或高于 35℃时，不宜进行充电。

（6）蓄电池初充电应达到产品技术文件所规定的时间，同时单体蓄电池的电压应符合产品技术文件的要求。

（7）蓄电池初充电结束后，应按产品技术文件的规定做容量测试，其容量应达到产品使用说明书的要求，高倍率蓄电池还应进行倍率试验。

（8）充电结束后，应用蒸馏水或去离子水调整液面至上液面线。

（9）在制造厂已完成初充电的密封蓄电池，充电前应检查并记录单体蓄电池的初始端电压和整组总电压，并应进行补充充电和容量测试。补充充电及其充电电压和容量测试的方法应按产品技术文件的要求进行，不得过充、过放。

（10）放电结束后，蓄电池应尽快进行完全充电。

（11）在整个充、放电期间，应按规定时间记录每个蓄电池的电压、表面温度和环境温度及整组蓄电池的电压、电流，并应绘制整组充、放电特性曲线。

（12）蓄电池充好电后，应按产品技术文件的要求进行使用与维护。

3. 镉镍碱性蓄电池组充、放电步骤

（1）放电试验操作。

1）在蓄电池组放电前，应测量蓄电池组在浮充状态下的电压，包括单只电池电压及蓄电池组总的端电压（可记为第 0 次放电）。测量完成后，应将充电机屏的充电开关扭转至 OFF 位置，再将蓄电池组与充电机屏的连接电缆断开。

2）开始放电后，先应使用钳形电流表测量放电电流，与放电仪设置的电流进行比对，应一致，不一致应查明原因。并开始计时，每隔1h应记录蓄电池组的总电压、单体电压、放电电流、环境温度，并做好记录。

3）放电过程中，应重点监控放电电流有无波动等异常情况，密切观察蓄电池组中放电电压最低的单体电池。在放电末期应随时测量，以保证放电终止电压测量的准确性。

（2）充电试验操作。

1）蓄电池放电试验结束后可进行充电试验。充电前，将放电仪的放电电缆、电压测试线等拆除后，将蓄电池组与充电机屏的连接电缆连接紧固。

2）在充电机屏的充电开关扭转至ON位置，在直流系统控制屏控制面板上将给定均充电流缓慢调至所需均充电流值30A后，按下"均充"按键，开始充电。

3）开始充电后，同样应使用钳形电流表测量充电电流。开始计时后，每隔1h应测量蓄电池组的总电压、单体电压、充电电流、环境温度，并做好记录。

4）充电测量终止后，在控制面板上将给定均充电流缓慢减小，恢复至厂家规定值，再按下控制箱上的"均充"按键，结束蓄电池的充电试验。充放电试验见图4-33。

图4-33　充放电试验

思考题

1. 单选题：充电的一种状态，即在选定的条件下充电时所有可利用的活性物质不会显著增加容量的状态，属于（　　）。

A. 初充电　　　B. 补充充电　　　C. 完全充电　　　D. 恒定充电

答案：C

2. 单选题：新的蓄电池在使用寿命开始时的第一次充电，属于（　　）。

A. 初充电　　　　B. 补充充电　　　C. 完全充电　　　D. 恒定充电

答案：A

3. 单选题：蓄电池在存放过程中，由于自放电，容量逐渐减少，甚至损坏，按产品技术文件的要求定期进行的充电，属于（　　）。

A. 初充电　　　　B. 补充充电　　　C. 完全充电　　　D. 恒定充电

答案：B

4. 单选题：蓄电池上部或者蓄电池端子上应加盖（　　　），以防止发生短路。

A. 绝缘盖　　　　B. 过渡板　　　　C. 金属封盖　　　D. 极板

答案：A

5. 单选题：蓄电池连接条的接线应正确，连接部分应涂以（　　　）。

A. 油脂　　　　B. 电力复合脂　　C. 润滑液　　　　D. 过渡板

答案：B

6. 单选题：蓄电池组安装完毕投运前，应进行完全充电，并应进行开路电压测试和（　　）测试。

A. 电流　　　　B. 容量　　　　C. 放电　　　　D. 充电

答案：B

7. 单选题：当蓄电池表面温度与环境温度基本一致时，应进行 10h 率容量放电测试，应以 $0.1C_{10}$（A）恒定电流放电到其中一个蓄电池电压为（　　）V 时终止放电，并应记录放电期间蓄电池的表面温度 t 及放电持续时间 T。

A. 1.5　　　　B. 1.8　　　　C. 2　　　　D. 2.2

答案：B

8. 判断题：蓄电池恒流充电是指充电电流在充电电压的范围内，维持在恒定值的充电。（　　　）

答案：正确

9. 判断题：额定电压为 220V 及以下的蓄电池室内的金属支架必须接地。（　　　）

答案：错误

10. 判断题：清除蓄电池表面污垢时，对塑料制作的外壳应用清水或弱碱性

溶液擦拭，不得使用有机溶剂清洗。　　　　　　　　　　　（　　）

答案：正确

11. 判断题：蓄电池电缆引出线正负极的极性及标识应正确，且正极应为红色，负极应为蓝色。　　　　　　　　　　　　　　　　（　　）

答案：错误

12. 判断题：蓄电池组投运前，应进行完全充电。　　　　　（　　）

答案：正确

13. 多选题：下列说法哪些是符合蓄电池安装标准工艺（　　）。

A. 蓄电池应排列整齐，高低一致，放置平稳

B. 蓄电池之间的间隙应均匀一致

C. 蓄电池间的连接线连接可靠，整齐、美观

D. 蓄电池应避免阳光直射

答案：ABCD

14. 多选题：蓄电池充放电的具体要求包括（　　）。

A. 充电前检查蓄电池及其连接条的连接情况

B. 充电前检查单体电池的初始电压和整组电压，充电期间不得断电

C. 充电过程中室内不得有明火

D. 通风应良好

答案：ABCD

|项目九　防火封堵施工|

任务 9.1　屏柜防火

1. 户内屏柜封堵施工

按照图纸和规范要求，变电站内所有保护小室、主控室、开关室、站用变室等室内控制屏、柜、箱内电缆进线处均应进行防火封堵，配电装置区所有端子箱、检修箱、汇控柜、动力箱等箱体进线处均应进行防火封堵。

电缆进线处应进行防火封堵。分别以户内屏柜、户外端子箱电缆进线处的防火封堵施工为例，介绍盘、柜底部防火封堵施工操作步骤及工艺要求。

盘、柜底部防火封堵施工方法基本相同，均采用防火板铺底，用防火包

或无机堵料填充孔洞，然后使用有机堵料对电缆进行严实封堵，并做线脚，见图 4-34。

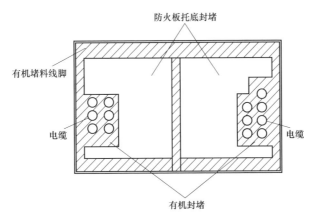

图 4-34　盘、柜封堵施工示意图

（1）户内屏柜封堵施工操作步骤及工艺要求。

1）清除孔洞内杂物，在孔洞底部铺设厚度为 10mm 的防火板，在孔隙口及电缆周围采用有机堵料进行密实封堵，电缆周围的有机堵料厚度不得小于20mm。

2）用防火包填充或无机堵料浇筑，塞满孔洞。

3）在孔洞底部防火板与电缆的缝隙处做线脚，线脚厚度不小于 10mm，电缆周围的有机堵料的宽度不小于 40mm。

4）根据盘柜内穿入电缆数量、电缆排列形状加工防火板。将切割好的防火板铺在屏柜底部，隔板安装应平整牢固。

5）电缆四周孔隙口采用有机堵料进行密实封堵，为保证有机堵料造型工整、线脚平直、面层平整，在施工过程中可在电缆周围采用 20mm×20mm 角型铝材进行造型，对有机堵料进行包边。包边大小应保证电缆周围的有机堵料的宽度不小于 40mm。如对有机堵料未进行包边处理，应在孔洞底部防火板与电缆的缝隙处做线脚，线脚厚度不小于 20mm。

6）使用有机堵料密实地嵌于防火板安装中造成的工艺缺口、缝隙中，并做线脚，线脚厚度不小于 10mm，宽度不小于 20mm。

7）在防火板不能封隔到的屏柜底部空隙处，以有机堵料严密封实，有机堵料面应高出防火隔板 10mm 以上，并呈几何图形，面层平整。

8）要求设预留孔时，预留孔两端采用有机堵料填塞。

9）预留屏柜孔洞封堵。

在预留的保护柜孔洞底部铺设厚度为 10mm 的防火板，在孔隙口用有机堵料进行密实封墙，用防火包填充或无机堵料浇筑，塞满孔洞。在预留孔洞的上部再采用钢板或防火板进行加固，以确保作为人行通道的安全性，如果预留的孔洞过大应采用槽钢或角钢进行加固，将孔洞缩小后方可加装防火板（孔洞的规格应小于 400mm×400mm）。

户内屏柜封堵施工效果图见图 4－35。

图 4－35　户内屏柜封堵施工效果图

（2）户外端子箱封堵施工操作步骤及工艺要求。户外端子箱防火封堵分进线孔洞口封堵和端子箱底部封堵，有升高座端子箱在端子箱上部宜再次进行封堵。端子箱底部与上部封堵方式一致，施工方法与屏柜底部封堵基本一致。

2. 端子箱封堵施工操作步骤及工艺要求

（1）清除进线孔洞内杂物，对电缆排列进行检查，准备一定数量的防火包，孔洞较大时应选用大型防火包。

（2）将防火包放平，使袋内填充材料分布均匀，然后像砌砖一样将防火包交错地嵌入孔洞的空隙中，将电缆包裹严实。电缆四周防火包厚度不宜小于250mm。

（3）防火包垒砌应平整，做到填充密实，外边保持与电缆沟壁平齐。

（4）根据进线孔洞处电缆形状加工一块防火隔板，为方便隔板固定，隔板顶部和左右两侧尺寸应比孔洞略大，一般为超出孔洞边 150mm。隔板底部尺寸根据电缆排列而定。用电锤在孔洞四周电缆沟壁上钻孔，将防火板用膨胀螺栓固定在孔洞外侧。

（5）在孔隙口及电缆周围采用有机堵料进行密实封堵，电缆周围的有机堵料厚度不得小于 20mm。在防火板与电缆的缝隙处做线脚，线脚厚度不小于10mm。

户外端子箱底部施工见图4-36。户外端子箱进线孔洞口封堵施工见图4-37。

（6）端子箱底部封堵。

1）根据端子箱内穿入电缆数量、电缆排列形状加工厚度为10mm防火板。将切割好的防火板铺在屏柜底部，隔板安装应平整牢固。

2）电缆四周孔隙口采用有机堵料进行密实封堵，为保证有机堵料造型工整、线脚平直、面层平整，在施工过程中可在电缆周围采用20mm×20mm角型铝材进行造型，对有机堵料进行包边。包边大小应保证电缆周围的有机堵料的宽度不小于 40mm。如对有机堵料未进行包边处理，应在孔洞底部防火板与电缆的缝隙处做线脚，线脚厚度不小于10mm。

3）使用有机堵料密实地嵌于防火板安装中造成的工艺缺口、缝隙中，并做线脚，线脚厚度不小于10mm，宽度不小于20mm。

4）在防火板不能封隔到的端子箱底部空隙处，以有机堵料严密封实，有机堵料面应高出防火隔板10mm以上，并呈几何图形，面层平整。

5）要求设预留孔时，预留孔两端采用有机堵料填塞。

6）有升高座端子箱，应进行双层封堵，上、下部封堵方式一致。

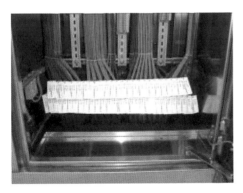

图4-36 户外端子箱底部施工

图4-37 户外端子箱上部封堵施工

（7）预留端子箱基础孔洞封堵。预留端子箱基础孔洞封堵一般采用水泥、砖、沙子等材料进行封堵，此处只做施工方法简要描述，不要求掌握施工方法。施工步骤是：用砖块将电缆沟壁孔洞填实，从基础上方填入细沙夯实，沟壁处和基础顶面用水泥砂浆抹平。

任务 9.2　孔洞防火封堵

1. 电缆竖井口孔洞封堵操作步骤及工艺要求

（1）制作方形框架。根据电缆竖井口孔洞大小，制作方形框架。为保证孔洞封堵后整体有足够的强度，能作为人行通道，一般采用镀锌角钢或槽钢制作托架进行加固。以下以∠50mm×5mm 镀锌角钢为例，介绍方形框架制作方法。

按照孔洞形状确定角钢加工尺寸，通过角钢将竖井口分隔成多个小的孔洞，应确保每个小孔洞的规格小于 400mm×400mm。为方便后期电缆增补和检修，方形框架应便于拆卸。外侧框架角钢与楼面之间采用安装膨胀螺栓固定，角钢与角钢之间采用钻孔后通过镀锌螺栓进行连接。角钢切割面应进行钝化、防腐处理。

（2）铺设防火板。选择厚度为 10mm 或 20mm 的防火板。根据电缆穿入竖井形状对防火板进行加工，留出电缆穿入位置。将加工好的防火板铺设在镀锌角钢制作的方形框架内，对电缆进行托底封堵。防火板宜用整块板块进行加工，如电缆形状不规则需采用多块防火板拼凑安装时，防火板之间缝隙不得过大。

（3）使用有机堵料对防火板底面的孔隙口及电缆周围进行密实封堵，其中电缆周围的有机堵料厚度不得小于 20mm，见图 4-38。

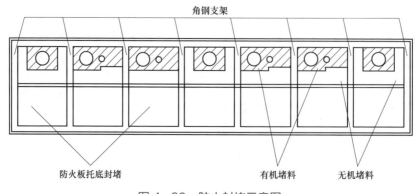

图 4-38　防火封堵示意图

（4）在防火板上浇铸无机堵料，浇筑厚度按照产品性能而定，一般在150～200mm。

（5）在无机堵料顶部使用有机堵料将每根电缆分隔包裹，其厚度大于无机堵料表层的10mm，电缆周围的有机堵料宽度不得小于30mm，有机堵料应呈几何图形，面层平整。

电缆竖井口孔洞封堵施工示意图及效果图见图4-39。

图4-39 电缆竖井口孔洞封堵施工

2. 电缆保护管封堵操作步骤及工艺要求

变电站电缆保护管防火封堵主要包括电缆沟壁开孔处管口封堵，过马路、墙壁电缆预埋管管口封堵，电缆经保护管过渡接入设备处管口封堵等。

（1）电缆保护管孔洞进行封堵时，应根据孔洞大小选择合适的封堵材料。孔洞较小时可直接使用有机堵料进行封堵，孔洞较大时应先在管内加塞防火包或防火衬板，然后用有机堵料进行封堵，防止堵料落入管内。

（2）电缆管口采用有机堵料严密封堵，管径小于50mm的堵料嵌入的深度不小于50mm，露出管口厚度不小于10mm；随着管径增加，堵料嵌入管子的深度和露出的管口的厚度也应相应增加，管口的堵料要成圆弧形。

（3）电缆沟壁上的电缆孔洞封堵：先用有机堵料将沟内壁封堵严实，再用水泥砂浆将沟外壁封堵严实。

（4）过马路、墙壁电缆预埋管管口封堵：用有机堵料将管口封堵严实，备用的电缆管管口两端也应封堵严密。

（5）管口堵料应平滑，不应有明显的裂缝和可见的缝隙，造型美观。

电缆保护管封堵施工效果图见图4-40。

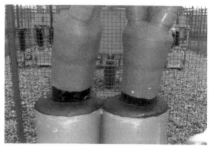

图4-40 电缆保护管封堵施工效果图

3. 二次接线盒（机构箱）封堵操作步骤及工艺要求

二次接线盒封堵主要是指电缆较少的机构箱、互感器接线盒、电容器区接线盒等部位的电缆封堵。对于开孔较大的二次接线盒，封堵要求同端子箱、盘柜底部封堵，其施工方法此处不做描述。

（1）采用厚度为10mm防火板按孔洞大小切割铺底。

（2）为保证有机堵料造型工整、线脚平直、面层平整，在施工过程中可在电缆周围采用20mm×20mm角型铝材进行造型，对有机堵料进行包边。包边大小应保证电缆周围的有机堵料的宽度不小于40mm。

（3）在孔隙口及电缆周围采用有机堵料将电缆均匀密实包裹，缺口、缝隙处将有机堵料密实地嵌于孔隙中。

（4）如对有机堵料未进行包边处理，应在孔洞底部防火板与电缆的缝隙处做线脚，线脚厚度不小于10mm。

（5）有机堵料应呈几何图形，面层平整。

二次接线盒（机构箱）及隔离开关机构箱封堵施工示意图及效果图见图4-41和图4-42。

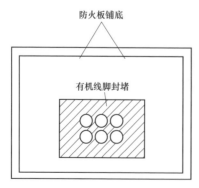

图4-41 二次接线盒（机构箱）封堵施工　　图4-42 隔离开关机构箱封堵施工

任务 9.3　防火墙施工

1. 防火墙安装

（1）常规变电站内户外电缆沟内，一般需在以下位置设置阻火墙：

1）二次设备室或配电装置电缆沟入口处。

2）在公用主沟道引接分支电缆沟处。

3）长距离电缆沟内每相隔 60m 区段处。

4）多段配电装置对应的电缆沟适当分段处。

（2）阻火墙安装操作步骤。

1）确定阻火墙安装具体位置。因电缆沟内两侧电缆支架为交错布置，阻火墙宜设置在两侧支架之间。对选定位置支架上电缆进行清扫，清除电缆表面灰尘、油污。

2）制作阻火墙两侧隔板。

3）加工隔板固定支架。为保证隔板固定牢固，应采用支架进行固定。支架制作材料应采用热镀锌角钢或不锈钢、铝合金制品。根据隔板高度、宽度加工固定支架，隔板四周均应采用支架加固固定。隔板与支架固定方式：将角钢支架安装在隔板与电缆沟之间缝隙内，用支架对隔板进行包边固定。采用镀锌角钢作为支架时，需先用手枪电钻在角钢支架上开孔，然后用铆钉枪将角钢支架与隔板固定牢固。采用不锈钢或铝合金角钢时，可直接使用铆钉枪进行固定。

4）阻火墙隔板安装。将加工好的隔板放置在电缆沟内，使隔板两侧开好的孔洞与两侧支架上敷设的电缆一一对应。隔板平面与电缆沟两侧及沟底平面均应保持垂直，隔板底部排水孔与电缆沟底部排水沟中心线重合。根据图纸中对阻火墙厚度要求调整两隔板之间距离，同时用砖块砌筑底部排水孔洞，孔洞口宜用网状格栅进行封堵。在隔板两侧和底部安装固定支架，复核隔板安装位置后，将支架与隔板用铆钉枪固定牢固。

5）阻火墙内防火材料填充。阻火墙中间采用无机堵料、防火包或耐火砖堆砌，其厚度根据产品的性能而定（一般不小于 150mm）。

6）对阻火墙两侧电缆与隔板之间孔隙采用有机堵料进行填实，并做线脚。用有机堵料对电缆四周进行密实的分隔包裹，超出隔板部位呈几何图形，面层

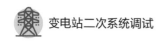

平整。超出防火墙两侧隔板表层的有机堵料厚度应大于 20mm，且电缆周围的有机堵料宽度不得小于 30mm。

7）如阻火墙两侧隔板加工时采用两块防火板拼凑而成，或隔板安装时底部与电缆沟之间存在缝隙时，应对沟底以及隔板中间缝隙采用有机堵料做线脚进行填实，并做线脚。超出隔板部位呈几何图形，面层平整。超出防火墙两侧隔板表层的有机堵料厚度应大于 10mm，宽度不得小于 20mm。

8）清除安装过程中产生的废弃物，将隔板表面擦洗干净。对阻火墙安装进行整体检查，应符合验收规范要求。

9）电缆沟防火墙施工结束后，在阻火墙上部的电缆盖板上涂刷阻燃点标识。常见做法是采用红色油漆在电缆盖板上喷涂"阻燃点"三个字，对阻火墙位置进行标识。

2. 防火墙安装工艺要求

（1）阻火墙安装方式：两侧采用 10mm 以上厚度的防火隔板封隔、中间采用无机堵料、防火包或耐火砖堆砌，其厚度根据产品的性能而定（一般不小于 150mm）。

（2）阻火墙内宜预先布置 PVC 管，以便增补少量电缆。

（3）阻火墙内的电缆周围必须采用不得小于 20mm 的有机堵料进行包裹。

（4）阻火墙顶部用有机堵料填平整，并加盖防火隔板。底部必须留有排水孔洞，排水孔洞处可利用砖块砌筑。

（5）阻火墙应做支架进行固定，支架材料应耐腐蚀，角钢支架应热镀锌。

（6）阻火墙两侧的电缆周围利用有机堵料进行密实的分隔包裹，其两侧厚度大于阻火墙表层的 20mm，电缆周围的有机堵料宽度不得小于 30mm，呈几何图形，面层平整。

（7）沟底、防火隔板的中间缝隙应采用有机堵料做线脚封堵，厚度大于阻火墙表层的 10mm，宽度不得小于 20mm，呈几何图形，面层平整。

（8）阻火墙两侧不小于 1m 范围内电缆应涂刷防火涂料，厚度为（1±0.1）mm。

（9）阻火墙上部的电缆盖板上应涂刷红色的明显标记。

防火墙安装见图 4－43。

图 4-43　防火墙安装

思考题

1. 单选题：防火封堵部位应便于增补或更换电缆，紧贴电缆部位宜采用（　　）防火材料。

A. 泡沫胶　　　　　B. 柔性　　　　　C. 轻型　　　　　D. 耐油型

答案：B

2. 单选题：孔洞底部铺设厚度为（　　）mm 的防火板。

A. 10　　　　　　B. 4　　　　　　C. 3　　　　　　D. 5

答案：A

3. 单选题：防火墙及盘柜底部封堵，防火隔板厚度不宜少于（　　）mm。

A. 5　　　　　　B. 10　　　　　　C. 15　　　　　　D. 20

答案：B

4. 判断题：电缆的防火阻燃设施应保证必要的强度，封堵部位应长期使用，不应发生破损、散落、坍塌等现象。　　　　　　　　　　　　　　　（　　）

答案：正确

5. 多选题：应在（　　）采用防火封堵材料密实封堵。

A. 电缆贯穿墙壁、楼板的孔洞处

B. 电缆进入盘、柜、箱、盒的孔洞处

C. 电缆进出电缆竖井的出入口处

D. 电缆导管进入电缆桥架、电缆竖井、电缆沟和电缆隧道的端口处

答案：ABCD

6. 多选题：在封堵盘柜底部时，要做到（　　）。

A. 封堵应严密可靠

B. 不应有明显的裂缝

C. 可有细小可见的孔隙

D. 孔洞较大者应加防火板后再进行封堵

答案：ABD

模块五　继电保护工基本技能

|项目一　班　组　交　底|

任务 1.1　班组交底内容

详见模块四任务 1.1 内容。

|项目二　二　次　回　路　检　查|

任务 2.1　二次回路检验及绝缘检查

1. 二次回路检验前应做的准备工作

被保护设备的断路器、电流互感器以及电压回路与其他单元设备的回路完全断开后方可进行。

2. 电流互感器二次回路检验事项

（1）检查电流互感器本体接线盒内二次接线螺栓紧固，硬线涡圈方向正确，电缆头应伸入接线盒内，检查电流端子排螺栓压接紧固。

（2）检查电流互感器各二次绕组接线极性正确，通过对设计图纸和电流互感器铭牌的比对分析，检查电流回路二次接线抽法及抽头选用是否正确。

（3）通过施加三项不同的电流量，检查各屏柜内电流回路二次接线是否正确。

（4）测量电流回路二次绝缘电阻，应大小适合，且三相平衡。

（5）拆除接地线，检查电流回路二次绝缘合格，对于新电缆，用 1000V 绝缘电阻表测试，应大于 10MΩ。对地放电后，确保接地线恢复紧固。

3. **电压互感器二次回路检验事项**

（1）检查电压互感器本体接线盒内二次接线螺栓紧固，硬线涡圈方向正确，电缆头应伸入接线盒内，检查电压端子排螺栓压接紧固。

（2）检查电压互感器各二次绕组接线极性正确。

（3）通过施加三项不同的电压量，检查各屏柜内电压回路二次接线正确。对于同期电压和开口三角电压，还应用万用表分别核对 2 根接线。

（4）拆除接地线，检查电压回路二次绝缘合格，对地放电后，恢复接地线。

（5）经控制室零相小母线（N600）连通的几组电压互感器二次回路，只应在控制室将 N600 一点接地，各电压互感器二次中性点在开关场的接地点应断开；为保证接地可靠，各电压互感器的中性线不得接有可能断开的熔断器（自动开关）或接触器等。独立的、与其他互感器二次回路没有电气联系的电流互感器二次回路可在开关场一点接地，但应考虑将开关场不同点地电位引至同一保护柜时对二次回路绝缘的影响。

（6）交流电流和交流电压回路、不同交流电压回路、交流和直流回路、强电和弱电回路、来自电压互感器二次的 4 根引入线和电压互感器开口三角绕组的两根引入线均应使用各自独立的电缆。电压互感器开口三角电压回路中不得接有可能断开的熔断器（自动开关）或接触器等。

（7）检查电压互感器二次中性点在开关场的金属氧化物避雷器的安装是否符合相关规定。

（8）新投入时，检查电压互感器二次回路中所有熔断器（自动开关）的装设地点、熔断（脱扣）电流是否合适（自动开关的脱扣电流需通过试验确定）、质量是否良好，能否保证选择性，自动开关线圈阻抗值是否合适。

（9）检查串联在电压回路中的熔断器（自动开关）、隔离开关及切换设备触点接触的可靠性。

（10）测量电压回路自互感器引出端子到配电屏电压母线的每相直流电阻，并计算电压互感器在额定容量下的压降，其值不应超过额定电压的 3%。

4．新安装二次回路检验事项

（1）对回路的所有部件进行观察、清扫与必要的检修及调整，所属部件包括与保护装置有关的操作把手、按钮、插头、灯座、位置指示继电器、中央信号装置及这些部件回路中端子排、电缆、熔断器等。

（2）利用导通法依次经过所有中间接线端子，检查由互感器引出端子箱到操作屏柜、保护屏柜、自动装置屏柜或至分线箱的电缆回路及电缆芯的标号，并检查电缆簿的填写是否正确。

（3）当设备新投入或接入新回路时，核对熔断器（自动开关）的额定电流是否与设计相符或与所接入的负荷相适应，并满足上下级之间的配合。

（4）检查屏柜上的设备及端子排上内部、外部连线的接线应正确，接触应牢靠，标号应完整准确，且应与图纸和运行规程相符合。检查电缆终端和沿电缆敷设路线上的电缆标牌是否正确完整，并应与设计相符。

（5）检验直流回路确实没有寄生回路存在，各直流回路不串电、不接地。检验时应根据回路设计的具体情况，用分别断开回路的一些可能在运行中断开（如熔断器、指示灯等）的设备及使回路中某些触点闭合的方法来检验。每一套独立的保护装置，均应有专用于直接接到直流熔断器正负极电源的专用端子对，这一套保护的全部直流回路包括跳闸出口继电器的线圈回路，都应且只能从这一对专用端子取得直流的正、负电源。

（6）信号回路及设备可不进行单独的检验。

（7）新安装或经更改的电流、电压回路，应直接利用工作电压检查电压二次回路，利用负荷电流检查电流二次回路接线的正确性。

5．断路器、隔离开关二次回路检验事项

（1）继电保护人员应熟知以下事项：

1）断路器的跳闸线圈及合闸线圈的电气回路接线方式（包括防止断路器跳跃回路、三相不一致回路等措施）。

2）与保护回路有关的辅助触点的开闭情况、切换时间，构成方式及触点容量。

3）断路器二次操作回路中的气压、液压及弹簧压力等监视回路的工作方式。

4）断路器二次回路接线图。

5）断路器跳闸及合闸线圈的电阻值及在额定电压下的跳、合闸电流。

6）断路器跳闸电压及合闸电压，其值应满足相关规程的规定。

（2）断路器及隔离开关中的一切与保护装置二次回路有关的调整试验工作，均由管辖断路器、隔离开关的有关人员负责进行。继电保护检验人员应了解掌握有关设备的技术性能及其调试结果，并负责检验自保护屏柜引至断路器（包括隔离开关）二次回路端子排处有关电缆线连接的正确性及螺钉压接的可靠性。

6. 二次回路绝缘检验事项

（1）在对二次回路进行绝缘检查前，应确认被保护设备的断路器、电流互感器全部停电，交流电压回路已在电压切换把手或分线箱处与其他单元设备的回路断开，并与其他回路隔离完好后，才允许进行。

（2）在进行绝缘测试时，应注意，试验线连接要紧固；每进行一项绝缘试验后，须将试验回路对地放电；对母线差动保护，断路器失灵保护及电网安全自动装置，如果不可能出现被保护的所有设备都同时停电的机会时，其绝缘电阻的检验只能分段进行，即哪一个被保护单元停电，就测量这个单元所属回路的绝缘电阻。

（3）新安装的保护装置进行验收试验时，从保护屏柜的端子排处将所有外部引入的回路及电缆全部断开，分别将电流、电压、直流控制、信号回路的所有端子各自连接在一起，用1000V绝缘电阻表测量各回路对地和各回路相互间绝缘电阻，其阻值均应大于10MΩ。

（4）定期检验时，在保护屏柜的端子排处将所有电流、电压、直流控制回路的端子的外部接线拆开，并将电压、电流回路的接地点拆开，用1000V绝缘电阻表测量回路对地的绝缘电阻，其绝缘电阻应大于1MΩ。

（5）对使用触点输出的信号回路，用1000V绝缘电阻表测量电缆每芯对地及对其他各芯间的绝缘电阻，其绝缘电阻应不小于1MΩ，定期检验时，只测量芯线对地的绝缘电阻。

（6）对采用金属氧化物避雷器接地的电压互感器的二次回路，需检查其接线的正确性及金属氧化物避雷器的工频放电电压。

（7）定期检查时可用绝缘电阻表检验金属氧化物避雷器的工作状态是否正常。一般当用1000V绝缘电阻表时，金属氧化物避雷器不应击穿；而用2500V绝缘电阻表时，则应可靠击穿。

任务 2.2　断路器、隔离开关的控制回路原理

1. 断路器控制回路的基本组成

断路器控制回路由控制机构、中间传送机构、操动机构组成。

（1）控制机构是发出分、合闸命令，实现对断路器的控制，如控制开关、控制按钮等。

（2）中间传送机构是传送命令到执行机构，如继电器、接触器的触点等。

（3）操动机构是操动断路器执行操作命令。

2. 断路器控制回路的基本要求

（1）分、合闸回路应满足的要求。

1）断路器跳闸和合闸电压，跳合闸线圈电阻及在额定电压下的跳合闸电流应满足要求。

2）220kV 及以上电压等级的断路器应具有双跳闸线圈。

3）能手动跳、合闸，能由继电保护与自动装置实现自动跳、合闸，跳、合闸后，能够自动切断跳合闸脉冲电流。

（2）分、合闸监视回路应满足的要求。

1）能够指示断路器分、合闸位置状态，自动跳、合闸应有明显信号。

2）能监视操作电源、分闸回路、合闸回路的完整性。

（3）防跳回路应满足的要求。

1）由于某种原因，造成断路器不断重复跳—合—跳—合的过程称为跳跃。

2）各级电压的断路器应尽量附有防止跳跃的回路。采用串联自保持时，接入跳合闸回路的自保持线圈，其动作电流不应大于额定跳合闸电流的 50%，线圈压降小于额定值的 5%。

3）防止断路器跳跃回路应能自动复归。

（4）三相不一致回路应满足的要求：220kV 及以上电压分相操作的断路器应附有三相不一致（非全相）保护回路。三相不一致保护动作时间应为 0.5～4.0s 可调，以躲开单相重合闸动作周期。

（5）位置信号回路及其他回路应满足的要求。

1）通过 KKJ 双位置继电器的位置不对应来启动事故总音响，即将 TWJ 的常开接点与 KKJ 的常开接点串联，利用 KKJ 保护跳闸时不启动复归线圈，KKJ 状态与断路器状态不对应来实现原合后位置接点的功能。

2）断路器操作回路中的气压、液压、弹簧储能、SF_6 气体压力等闭锁回路和监视回路的接线方式应满足要求。

3）断路器气压、液压、SF_6 气体压力降低和弹簧未储能等禁止重合闸、禁止合闸及禁止分闸的回路接线、动作逻辑应正确。

3. 隔离开关控制回路的组成

隔离开关控制回路通常由电机回路和控制回路两部分组成，由控制回路的接触器接点控制电机回路，使电机正转或反转，从而实现合分隔离开关的作用，如图 5-1 所示。

隔离开关的辅助接点（11、12）接点进入线路保护屏 A 接入电压切换回路，（33、34）接点接入失灵保护屏，（43、44）、（53、54）分别进入母差保护的 A、B 屏，这三对常开接点都是用于保护装置判断 1G 的位置，常开接点（61、62）和常闭接点（63、64）接入遥信屏。

4. 隔离开关的机械联锁及电气闭锁

变电设备运行的"五防"中，与隔离开关相关的误操作有两个：带负荷拉（合）隔离开关、带电合接地开关和带接地开关合隔离开关，通用闭锁逻辑如下：

（1）对于双母线类接线，只有母联断路器及其两侧隔离开关合上时才允许倒母线。

（2）除倒母线外，断路器间隔内的隔离开关应在断路器分闸后才能分合闸。

（3）合隔离开关时，隔离开关两侧接地开关应分开、接地线应拆除，包括经断路器、主变压器、接地变压器、站用变压器、电缆等连接的接地开关及接电线。

（4）旁路断路器间隔的旁路隔离开关，必须在旁路断路器分开，旁路母线接地开关分开的状态下才能合闸。

（5）非旁路断路器间隔的旁路隔离开关，必须在旁路断路器分开，旁路母线上所有接地开关分开、所在间隔线路侧接地开关（主变压器各侧接地开关）在分开的状态下才能合闸。

5. 隔离开关的操作及常见故障处理

（1）隔离开关的操作：隔离开关不能开断负荷电流和短路电流。在倒闸操作过程中，隔离开关与断路器配合操作时，隔离开关应严格遵守"先通后断"的原则，见图 5-2。

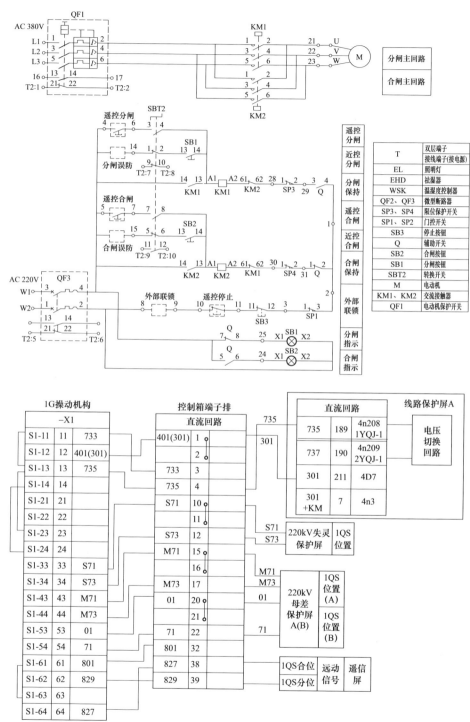

图 5-1　隔离开关控制回路

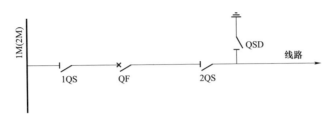

图 5-2　隔离开关操作

送电　合 1QS→合 2QS→合 QF

停电　分 QF→分 2QS→分 1QS

（2）常见故障处理：隔离开关无法合分闸是常见的故障，一种是因为电机故障或电机失去电源引起；另一种是隔离开关控制回路故障引起。查找缺陷时，首先确认电机回路、控制回路电源是否正常；再检查电机是否正常、控制回路接触器是否动作；如果控制回路出现问题，先量测外部闭锁接点是否接通，量测时应先断开隔离开关控制电源，如果正常，再逐步由 N 开始向电源端或由电源端向 N，通过量测通断或电压的方式逐步排除。如外部闭锁接点不通，则应询问运行人员是否有操作设备，重点检查操作过的与控制回路相关的设备接点。查找过程中应向运行人员确认是否可分合隔离开关，如果不能应有相应的防误动措施。

任务 2.3　本体、有载重瓦斯等跳闸逻辑

1. 本体、有载重瓦斯等应满足的现场要求

（1）变压器、电抗器本体非电量保护回路应防雨、防油渗漏、密封性好、绝缘良好。气体继电器应安装防雨罩，安装应结实牢固且应罩住电缆穿线孔。

（2）非电量保护从本体引至端子箱的二次回路不应有中间转接；不采用就地跳闸方式的，端子箱引至保护屏的二次回路不应存在过渡或转接环节。

2. 本体、有载重瓦斯等跳闸逻辑检验的测试方法

模拟非电量保护动作开入，使非电量保护装置出口跳闸，跳开主变压器各侧开关，检查非电量保护跳闸出口回路的正确性。

任务 2.4　主变压器本体风冷逻辑校验

1. 主变压器本体风冷启动条件

主变压器本体风冷启动条件一般包括过负荷启动风冷、油温高启动风冷、

绕组温高启动风冷等条件。

变压器投入运行的同时，冷却系统能自动投入相应数量的工作冷却变压器。

退出运行时，冷却装置能自动切除全部投入运行的冷却器。

变压器顶层油温（或绕组温度）达到规定值时，自动启动尚未投入运行的辅助冷却器。

当运行中的冷却器发生故障时，能自动启动备用冷却器。

每个冷却器可用控制开关手柄位置，来选择冷却器工作状态（工作、辅助或备用），这样运用灵活，易于检修逐个冷却器。

冷却器系统接入 2 个独立电源，2 个电源可任选 1 个工作，1 个备用，当工作电源发生故障时，自动投入备用电源，而当工作电源恢复时，备电源自动退出。

冷却器的油泵电机和风扇电机，有过负荷、短路及断相运行保护，以保证电机的安全运行。

当冷却器系统在运行中发生故障时，能发出告警信号，报告值班人员。

2. 主变压器本体风冷自动控制逻辑原理与校验

（1）潜油泵：提高变压器油的流速，加速其内部热对流速度。

（2）冷却风扇：提高冷却器表面空气流动速度，加速内冷却介质变压器油和外冷却介质空气的热交换。

（3）冷却器：增加冷却表面积，提高散热效率。

（4）冷却控制系统：实现冷却器投退的温度控制功能，并与变压器非电量保护配合实现超温跳闸功能。

（5）信号回路：运行中的工作电源、操作电源、工作冷却器、辅助冷却器、备用冷却器发生故障时，能够发就地指示信号和遥信信号。

（6）工作冷却器控制回路：变压器投入运行时，自动投入冷却器；变压器退出运行时，自动切除全部冷却器。冷却器的油泵和风机控制回路有单独的热继电器，具有电动机过负荷及速断保护。当运行中的工作冷却器发生故障时，能自动启用备用冷却器。

（7）电源自动切换回路：采用 2 个独立电源供电，1 个工作，1 个备用。当工作电源发生故障时，备用电源自动投入；当工作电源恢复时，备用电源自动退出。

（8）辅助冷却器控制回路：变压器上层油温或绕组温度达到一定值时，自动启动尚未投运的辅助冷却器；当运行中的辅助冷却器发生故障时，能自动启

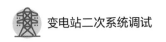

动备用冷却器。

（9）冷却器全停跳闸回路：冷却器全停后，当主变压器油温达到或超过设定油温高报警温度时，经过设定时间后主变压器跳闸；当主变压器油温低于设定油温高报警温度时，经过设定时间后主变压器跳闸。强制油循环风冷主变压器冷却器全停跳闸回路。

任务 2.5　主变压器三侧联锁回路原理

1. 主变压器三侧联锁的意义

主变压器三侧联锁遵循电气五防原理，其意义在于防止电气误操作，防止带电合接地开关，防止带接地开关合隔离开关。在操作过程中，三侧联锁能更加有效地防止此类事故的发生，在一定程度上，提高了操作的安全性。

2. 主变压器三侧联锁回路原理

主变压器三侧联锁回路原理见图 5-3。综合图纸，主变压器三侧联锁关系：主变压器高压侧 2 个主变压器侧隔离开关、1 个主变压器侧接地开关，主变压器中压侧 1 个主变压器侧隔离开关、1 个主变压器侧接地开关，低压侧一把母线侧接地开关。

高压侧隔刀受主变压器中压侧主变压器侧接地开关，主变压器低压侧母线接地开关闭锁。

中压侧隔刀受主变压器高压侧主变压器侧接地开关，主变压器低压侧母线接地开关闭锁。

主变压器高压侧主变压器侧接地开关受主变压器中压侧主变压器侧隔离开关闭锁。

主变压器中压侧主变压器侧接地开关受主变压器高压侧主变压器侧两把隔离开关闭锁。

主变压器低压侧母线侧接地开关受主变压器高压侧 2 个主变压器侧隔离开关，主变压器中压侧 1 个主变压器侧接地开关闭锁。

主变压器中高压侧，母线侧地刀闭锁所有母线侧隔离开关，所有母线侧隔离开关闭锁母线侧接地开关。

主变压器低压侧比较特殊，主变压器和低压侧母线直连，不存在低压侧往主变压器送电的情况，所以主变压器低压侧只有本间隔内联锁，只有母线侧接地开关除去本间隔联锁外参与主变压器三侧联锁。

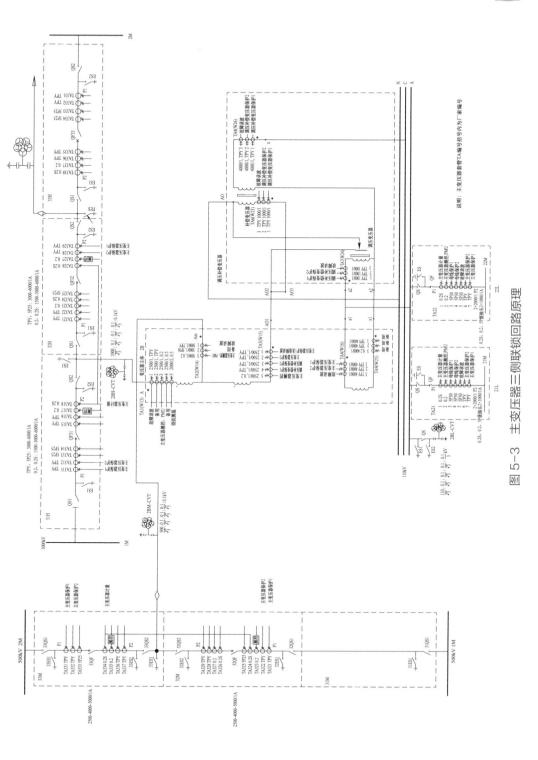

图 5-3 主变压器三侧联锁回路原理

125

🔍 思 考 题

1. 单选题：对电磁感应式电流互感器一次侧进行通电试验时，二次回路禁止（　　）。

A. 短路　　　　　　　　　　　B. 开路

C. 接地　　　　　　　　　　　D. 短接

答案：B

2. 单选题：分合闸回路中为什么要串入一个自身的常开接点（　　）。

A. 作自保持用　　　　　　　　B. 闭锁操作用

C. 位置监视用　　　　　　　　D. 以上都是

答案：A

3. 单选题：分合闸回路中为什么要串入一个另一回路的常闭接点（　　）。

A. 作自保持用　　　　　　　　B. 闭锁操作用

C. 位置监视用　　　　　　　　D. 回路间相互闭锁

答案：D

4. 多选题：断路器控制回路由哪几部分组成（　　）。

A. 控制机构　　　　　　　　　B. 中间传送机构

C. 操动机构　　　　　　　　　D. 储能机构

答案：ABC

5. 多选题：主变本体风冷的启动条件包括（　　）。

A. 过负荷启动风冷　　　　　　B. 油温高启动风冷

C. 绕组温度高启动风冷　　　　D. 以上都不对

答案：ABC

6. 判断题：所有测量引线应选用合适规格导线，连接牢固可靠，防止出现破损、过热、拉脱、轧断或松动等意外，确保电流互感器二次回路开路、电压互感器二次回路短路、套管末屏不得开路。（　　）

答案：错误

7. 判断题：通过 KKJ 双位置继电器的位置不对应来启动事故总音响，即将 TWJ 的常开接点与 KKJ 的常开接点并联，利用 KKJ 保护跳闸时不启动复归线圈，KKJ 状态与断路器状态不对应来实现原合后位置接点的功能。（　　）

答案：错误

|项 目 三 装 置 单 体 检 验|

任务 3.1 装置绝缘试验

（1）在新安装保护装置的验收检验时进行绝缘试验。

（2）按照保护装置技术说明书的要求拔出插件。

（3）在保护屏柜端子排内侧分别短接交流电压回路端子、交流电流回路端子、直流电源回路端子、跳闸和合闸回路端子、开关量输入回路端子、厂站自动化系统接口回路端子及信号回路端子。

（4）断开与其他保护的弱电联系回路。

（5）将打印机与保护装置连接断开。

（6）保护装置内所有互感器的屏蔽层应可靠接地。在测量某一组回路对地绝缘电阻时，应将其他各组回路都接地。

（7）用 500V 绝缘电阻表测量绝缘电阻值，要求阻值均大于 20MΩ。测试后应将各回路对地放电。

任务 3.2 装置上电检查、工作电源检查

1. 装置上电检查的步骤及要求

（1）打开保护装置电源，装置应能正常工作。

（2）按照保护装置技术说明书描述的方法，检查并记录装置的硬件和软件版本号、校验码等信息。

（3）校对时钟。

2. 装置工作电源检查的步骤及要求

（1）对于微机型保护装置，要求插入全部插件。

（2）80%额定工作电源下检验：保护装置应稳定工作。

（3）电源自启动试验：闭合直流电源插件上的电源开关，将试验直流电源由零缓慢调至 80%额定电源值，此时保护装置运行灯应燃亮，装置无异常。

（4）直流电源拉合试验：在 80%直流电源额定电压下拉合三次直流工作电源，逆变电源可靠启动，保护装置不误动，不误发信号。

（5）保护装置断电恢复过程中无异常，通电后工作稳定正常。

（6）在保护装置上电掉电瞬间，保护装置不应发异常数据，继电器不应误动作。

（7）定期检验时还应检查逆变电源是否接近《继电保护及控制装置电源模块（模件）技术条件》（DL/T 527—2013）所规定的最低无故障工作时间，如接近应及时更换。

任务 3.3　模数变换系统检验

（1）检验零点漂移。进行本项目检验时，要求保护装置不输入交流电流、电压量。观察装置在一段时间内的零漂值满足装置技术条件的规定。

（2）检验各电流、电压输入的幅值和相位精度。新安装保护装置的验收检验时，按照装置技术说明书规定的试验方法，分别输入不同幅值和相位的电流、电压量，观察装置的采样值满足装置技术条件的规定。全部检验时，可仅分别输入不同幅值的电流、电压量；部分检验时，可仅分别输入额定电流、电压量。

（3）技术要求。应符合《继电保护和安全自动装置通用技术条件》（DL/T 478）中的相应规定。

任务 3.4　开关量输入回路检验

（1）新安装保护装置的验收检验时，在保护屏柜端子排处，按照装置技术说明书规定的试验方法，对所有引入端子排的开关量输入回路依次加入激励量，观察装置的行为。

按照装置技术说明书所规定的试验方法，分别接通、断开连接片及转动把手，观察装置的行为。

（2）全部检验时，对已投入使用的开关量输入回路依次加入激励量，观察装置的行为。

（3）部分检验时，可随装置的整组试验一并进行。

（4）技术要求：强电开入回路继电器的启动电压值不应大 0.7 倍额定电压值，且不应小于 0.55 倍额定电压值，同时继电器驱动功率应不小于 5W。分别接通、断开开入回路，装置的开入显示正确。装置开关量输入定义采用正逻辑，即触点闭合为"1"，触点断开为"0"，开入量名称与标准要求描述一致。

如果几种保护共用同一开入量，应将此开入量分别传动至各种保护。

任务 3.5　输出触点及输出信号检查

（1）新安装保护装置的验收检验时，在装置屏柜端子排处，按照装置技术说明书规定的试验方法，依次观察装置所有输出触点及输出信号的通断状态。

（2）全部检验时，在保护装置屏柜端子排处，按照装置技术说明书规定的试验方法，依次观察装置已投入使用的输出触点及输出信号的通断状态。

（3）部分检验时，可随保护装置的整组试验一并进行。

（4）技术要求：保护装置的开出触点应能可靠保持、返回，接触良好不抖动，且装置的动作延时应能满足工程和设计要求。如果几种保护共用一组出口连接片或共用同一告警信号时，应将几种保护分别传动到出口连接片和保护屏柜端子排。

任务 3.6　事件记录功能

1. 事件记录功能测试时需要记录的内容

记录保护装置的动作报告信息、动作报告存储数量、动作报告分类以及这些能否转换为电力系统暂态数据交换通用格式。

2. 事件记录功能应符合的技术要求

（1）装置应能记录保护装置动作信息，保留 8 次及以上最新动作报告。

（2）装置记录的动作报告应能分类显示。

（3）装置能提供运行、检修人员能直接在保护装置液晶屏调阅和打印的功能，便于值班人员尽快了解情况和事故处理的装置动作信息，供专业人员分析事故和装置动作行为的记录。

任务 3.7　整定值的整定及检验

1. 整定值的整定及检验的定义

整定值的整定检验是指将保护装置各有关元件的动作值及动作时间按照定值通知单进行整定后的试验。该项试验在屏柜上每一元件检验完毕之后才可进行。

2. 整定值的整定及检验应遵守的一般原则

（1）装置每一套保护应单独进行整定检验，试验接线回路中的交、直流电源及时间测量连线均应直接接到被试保护屏柜的端子排上。交流电压、电流试

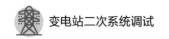

验接线的相对极性关系应与实际运行接线中电压、电流互感器接到屏柜上的相对相位关系（折算到一次侧的相位关系）完全一致。

（2）在整定检验时，除所通入的交流电流、电压为模拟故障值并断开断路器的跳、合闸回路外，整套保护装置应处于与实际运行情况完全一致的条件下，而且不得在试验过程中人为地予以改变。

（3）保护装置整定的动作时间为自向保护屏柜通入模拟故障分量（电流、电压或电流及电压）至保护动作向断路器发出跳闸脉冲的全部时间。

（4）电气特性的检验项目和内容应根据检验的性质，保护装置的具体构成方式和动作原理拟定。检验保护装置的特性时，在原则上应符合实际运行条件，并满足实际运行的要求。每一检验项目都应有明确的目的，或为运行所必须，或用以判别元件、装置是否处于良好状态和发现可能存在的缺陷等。

3. 定检及新安装保护装置的验收检验时，整定值的整定及检验的要求

（1）新安装保护装置的验收检验时，应按照定值通知单上的整定项目，依据装置技术说明书或制造厂推荐的试验方法，对保护的每一功能元件进行逐一检验。

（2）在全部检验时，对于由不同原理构成的保护元件只需任选一种进行检查。建议对主保护的整定项目进行检查，后备保护如相间一段、二段、三段阻抗保护只需选取任一整定项目进行检查。

（3）部分检验时，可结合保护装置的整组试验一并进行。

任务 3.8　纵联保护通道检验

1. 载波通道的检查项目

（1）继电保护专用载波通道中的阻波器、结合滤波器、高频电缆等加工设备的试验项目与电力线载波通信规定的相一致。与通信合用通道的试验工作由通信部门负责，其通道的整组试验特性除满足通信本身要求外，也应满足继电保护安全运行的有关要求。在全部检验时，只进行结合滤波器、高频电缆的相关试验。

（2）投入结合设备的接地开关，将结合设备的一次（高压）侧断开，并将接地点拆除之后，用 1000V 绝缘电阻表分别测量结合滤波器二次侧（包括高频电缆）及一次侧对地的绝缘电阻及一、二次间的绝缘电阻。

（3）测定载波通道传输衰耗。部分检验时，可以简单地以测量接收电平的

方法代替（对侧发信机发出满功率的连续高频信号），将接收电平与最近一次通道传输衰耗试验中所测量到的接收电平相比较。其差若大于 3dB 时，则须进行进一步检查通道传输衰耗值变化的原因。

（4）对于专用收发信机，在新投入运行及在通道中更换了（增加或减少）个别加工设备后，所进行的传输衰耗试验的结果，应保证收信机接收对端信号时的通道裕量不低于 8.686dB，否则保护不允许投入运行。

2. 对光纤及微波通道的检查项目

（1）对于光纤及微波通道可以采用自环的方式检查通道是否完好。光纤通道还可以通过两种方法检查通道是否完好：① 拔插待测光纤一端的通信端口，观察其对应另一端的通信接口信号灯是否正确熄灭和点亮；② 采用激光笔照亮待测光纤的一端而在另外一端检查是否点亮。

（2）光纤尾纤检查及要求：光纤尾纤应呈现自然弯曲（弯曲半径大于 3cm），不应存在弯折的现象，不应承受任何外重，尾纤表皮应完好无损；尾纤接头应干净无异物，如有污染应立即清洁干净；尾纤接头连接应牢靠，不应有松动现象。

（3）对于与光纤及微波通道相连的保护用附属接口设备应对其继电器输出触点、电源和接口设备的接地情况进行检查。

（4）对于利用专用光纤及微波通道传输保护信息的远方传输设备，应对其发信功率（电平）、收信灵敏度进行测试，并保证通道的裕度满足运行要求。

3. 远方传输跳闸信号通道的要求

传输远方跳闸信号的通道，在新安装或更换设备后应测试其通道传输时间。采用允许式信号的纵联保护，除了测试通道传输时间，还应测试"允许跳闸"信号的返回时间。

任务 3.9　操作箱检验

1. 操作箱检验应符合的要求

（1）进行每一项试验时，试验人员须准备详细的试验方案，尽量减少断路器的操作次数。

（2）对分相操作断路器，应逐相传动防止断路器跳跃回路。

（3）对于操作箱中的出口继电器，还应进行动作电压范围的检验，其值应为 55%～70%额定电压。对于其他逻辑回路的继电器，应满足 80%额定电压下

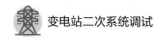

可靠动作。

2. 操作箱检验中应重点检验的元件及回路

操作箱的检验根据厂家调试说明书并结合现场情况进行。并重点检验下列元件及回路的正确性：

（1）防止断路器跳跃回路和三相不一致回路。如果使用断路器本体的防止断路器跳跃回路和三相不一致回路，则检查操作箱的相关回路是否满足运行要求。

（2）交流电压的切换回路。

（3）合闸回路、跳闸1回路及跳闸2回路的接线正确性，并保证各回路之间不存在寄生回路。

3. 新建及重大改造设备需利用操作箱对断路器进行的传动试验

（1）断路器就地分闸、合闸传动。

（2）断路器远方分闸、合闸传动。

（3）防止断路器跳跃回路传动。

（4）断路器三相不一致回路传动。

（5）断路器操作闭锁功能检查。

（6）断路器操作油压或空气压力继电器、SF_6密度继电器及弹簧压力等触点的检查，检查各级压力继电器触点输出是否正确，检查压力低闭锁合闸、闭锁重合闸、闭锁跳闸等功能是否正确。

（7）断路器辅助触点检查，远方、就地方式功能检查。

（8）在使用操作箱的防止断路器跳跃回路时，应检验串联接入跳合闸回路的自保持线圈，其动作电流不应大于额定跳合闸电流的 50%，线圈压降小于额定值的 5%。

（9）所有断路器信号检查。

任务 3.10 压板

1. 变电站的软压板及硬压板

软压板是指软件系统的某个功能投退，比如投入和退出某个保护和控制功能。通常以修改微机保护的软件控制字来实现。

软压板是相对于硬压板而言的，保护压板是保护装置联系外部接线的桥梁和纽带，关系保护的功能和动作出口能否正常发挥作用。

传统保护使用硬连片故而称为硬压板，而软压板是在此基础上利用软件逻辑强化对功能投退和出口信号的控制，与硬压板是"与"的关系。

由于信号、控制等回路的网络化，硬压板也就随着电缆回路的消失而消失，而软压板的功能则大大加强，重要性也随之提升。

跳闸压板规定采用红色标识，保护功能压板规定采用黄色标识，备用压板为灰色。

2. 变电站的功能压板、出口压板

保护功能压板实现了保护装置某些功能（如主保护、距离保护、零序保护等的投、退）。该压板一般为弱电压板，接 DC 24V。也有强电功能压板，如 BP22B 投充电保护、过流保护等，接 DC 220V 或 DC 110V。但进入装置之前必经光电耦合或隔离继电器隔离，转化为弱电开入，其抗干扰能力更好。

出口压板决定了保护动作的结果，根据保护动作出口作用的对象不同，可分为跳闸出口压板和启动压板。

跳闸出口压板直接作用于本开关或联跳其他开关，一般为强电压板。

启动压板作为其他保护开入之用，如失灵启动压板、闭锁备自投压板等，根据接入回路不同，有强电也有弱电。

3. 变电站压板的投退检查方法及投退原则

当开关在合闸位置时，投入保护压板前需用高内阻电压表测量两端电位，特别是跳闸出口压板及与其他运行设备相关的压板，当出口压板两端都有电位，且压板下端为正电位、上端为负电位，此时若将压板投入，将造成开关跳闸。

应检查保护装置上动作跳闸灯是否点亮，且不能复归，否则有可能保护跳闸出口触点已黏死。如出口压板两端均无电位，则应检查相关开关是否已跳开或控制电源消失。只有出口压板两端无异极性电压后，方可投入压板。

保护装置退出时，应退出其出口压板（线路纵联保护还应退出对侧纵联功能），一般不应断开保护装置及其附属二次设备的直流电源。当保护装置中的某种保护功能退出时，应：

（1）退出该功能独立设置的出口压板。

（2）无独立设置的出口压板时，退出其功能投入压板。

（3）不具备单独投退该保护功能的条件时，应考虑按整个装置进行投退。

思考题

1. 单选题：当保护装置中的某种保护功能退出时，应（　　）。

A. 退出该功能独立设置的出口压板

B. 无独立设置的出口压板时，退出其功能投入压板

C. 不具备单独投退该保护功能的条件时，应考虑按整个装置进行投退

D. 以上都是

答案：D

2. 单选题：下列关于保护装置绝缘试验说法正确的是（　　）。

A. 保持与其他保护的弱电联系回路

B. 试验前应将打印机与保护装置连接牢固

C. 应将保护装置内所有互感器的屏蔽层接地拆除

D. 测试后，应将各回路对地放电

答案：D

3. 单选题：新安装保护装置的验收检验，对模/数变换系统进行检验时，应按照装置技术说明书规定的试验方法，分别输入（　　）的电流、电压量，观察装置的采样值满足装置技术条件的规定。

A. 不同幅值 　　　　　　　　　　B. 不同相位

C. 不同幅值和相位 　　　　　　　D. 额定

答案：C

4. 单选题：装置应能记录保护装置动作信息，保留（　　）次及以上最新动作报告。

A. 10 　　　　　　B. 8 　　　　　　C. 12 　　　　　　D. 100

答案：B

5. 单选题：新安装保护装置的验收检验时，装置的整定检验应进行（　　）。

A. 可结合装置的整组试验一并进行

B. 应按照定值通知单上的整定项目，依据装置技术说明书或制造厂推荐的试验方法，对保护的每一功能元件进行逐一检验

C. 对于由不同原理构成的保护元件只需任选一种进行检查

D. 后备保护如相间一段、二段、三段阻抗保护只需选取任一整定项目进行检查

答案：B

6. 多选题：对继电保护装置工作电源进行检验时说法正确的是（　　）。

A. 80%额定工作电源下检验：保护装置应稳定工作

B. 闭合直流电源插件上的电源开关，将试验直流电源由零缓慢调至 80%额定电源值，此时保护装置运行灯应燃亮，装置无异常

C. 保护装置断电恢复过程中无异常，通电后工作稳定正常

D. 在保护装置上电掉电瞬间，保护装置不应发异常数据，继电器不应误动作

答案：ABCD

7. 多选题：关于继电保护装置开关量输入回路检验说法正确的是（　　）。

A. 输入定义采用正逻辑

B. 触点闭合为"0"

C. 触点断开为"1"

D. 开入量名称与标准要求描述一致

答案：AD

8. 多选题：操作箱的检验根据厂家调试说明书并结合现场情况进行，并重点检验下列（　　）的正确性。

A. 防止断路器跳跃回路

B. 三相不一致回路

C. 交流电压的切换回路

D. 合闸回路、跳闸1回路及跳闸2回路的接线正确性，并保证各回路之间不存在寄生回路

答案：ABCD

9. 判断题：传统保护使用硬连片故而称为硬压板，而软压板是在此基础上利用软件逻辑强化对功能投退和出口信号的控制，与硬压板是"或"的关系。

（　　）

答案：错误

10. 判断题：纵联保护两端的装置的型号、软件版本可以不一致。

（　　）

答案：错误

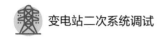

|项目四 智能变电站部分|

任务 4.1 设备软件和通信报文检查

1. 设备通信接口检查的内容

检查设备保护程序/通信程序/CD 文件版本号、生成时间、CRC 校验码，应与历史文件比对，核对无误；检查设备过程层网络接口 SV 和 GOOSE 通信源 MAC 地址、目的 MAC 地址 LANDAPPID、优先级是否正确；检查设备站控层 MMS 通信的 IP 地址、子网掩码是否正确，检查站控层 GOOSE 通信的源 MAC 地址、目的 MAC 地址、VLAN ID、APPID、优先级是否正确。

2. 设备软件和通信报文检查的方法

通过故障录波器/网络记录分析仪抓取通信报文的方法来检查相关内容；或通过液晶面板读取相关信息；或通过便携式电脑抓取通信报文的方法来检查相关内容，将便携式电脑与待测设备连接好后，抓取需要检查的通信报文并进行分析。通信报文内容检查方法见图 5-4。

图 5-4 通信报文内容检查方法

任务 4.2 智能变电站配置文件检查

1. ICD 模型文件检查的要求

查阅保护装置通信一致性测试报告满足相关规程规范要求。

ICD 模型文件命名应符合国家电网公司统一的标准文件命名规则，文件应包含反映模型特征的版本号、文件校验码等标识信息。

ICD 模型文件应通过工程应用标准化检测，遵循《智能变电站二次系统信息模型校验规范》（Q/GDW 11156）相关要求，并由智能变电站二次系统信息模型标准库下载。

检查 ICD 模型文件的开入、开出、软压板数量和功能，以及软压板描述、站控层信息等，应与设计一致。

2. SCD 配置文件检查的要求

检查 SCD 配置文件应与装置实际运行数据、装置 ICD 模型文件版本号、校验码、数字签名一致。

检查 SCD 配置文件 IP 地址、MAC 地址、APPID 等通信参数设置应正确。

宜采用可视化工具检查 SCD 配置文件虚端子连线符合设计要求，描述信息与实际功能一致。

检查 SCD 配置文件命名应符合国家电网公司统一的标准文件命名规则，文件名中应包含文件校验码等标识信息。

SCD 配置文件中保护装置的配置信息应使用调度规范命名。

验收合格的 SCD 配置文件所生成的 CID，CCD 配置文件 CRC 校验码应与各 IED 装置内导出的 CID、CCD 配置文件 CRC 校验码一致。

任务 4.3 合并单元测试

1. 掌握合并单元应满足的要求

（1）合并单元数据格式应满足的要求。

1）合并单元宜采用《电力自动化通信网络和系统 第 9-2 部分：特定通信服务映射（SCSM）—基于 ISO/IEC 8802-3 的采样值》（DL/T 860.92）规定的数据格式通过光纤以太网接口向保护、测控、计量、录波、PMU 等智能二次设备输出来样值。

2）报文中来样值通道排列顺序应与 SCD 文件中配置相同，直采用 AABBCC 顺序排列。

（2）合并单元稳态精度应满足的要求。

1）数字量输入式合并单元：检查相应设备试验报告，其采样值幅值和相位误差应满足《智能变电站继电保护检验规范》（Q/GDW 1809）相关要求。

2）模拟量输入式合并单元：现场用测试仪加量检查电压幅值误差不超过 $\pm 2.5\%$ 或 $0.01U_{N}$，电流幅值误差不超过 $\pm 2.5\%$ 或 $0.01I_{N}$，相位角度误差不超过 $1°$。

（3）合并单元级联输入的数字采样值有效性应正确。将级联数据源各采样值通道置为数据无效、检修品质，从网络报文记录及分析装置解析间隔合并单元报文中相应各采样值通道应变为无效、检修品质；中断母线合并单元与间隔合并单元的级联通信，从网络报文记录及分析装置检验间隔合并单元输出的采样值通道品质应置为无效。

（4）合并单元采样时间应满足的要求：用继电保护测试仪给模拟量输入式合并单元加量，检查合并单元采样响应时间不应大于 1ms，级联母线合并单元的间隔合并单元采样响应时间不应大于 2ms，误差不应超过 20μs。采样值报文响应时间为采样值自合并单元接收端口输入至输出端口输出的延时。

2. 合并单元电压并列切换应满足要求

（1）对于接入了两段母线电压的按间隔配置的合并单元，分合母线刀闸，合并单元电压切换动作逻辑正确。

（2）在母线合并单元上分别施加不同幅值的两段母线电压，分合断路器及刀闸，切换相应把手，各种并列情况下合并单元的并列动作逻辑应正确。

（3）合并单元在进行母线电压切换或并列时，不应出现通信中断、丢包、品质输出异常等异常现象。

3. 合并单元级联功能应满足要求

将母线合并单元与间隔合并单元级联，使用三相交流模拟信号源为母线合并单元施加额定值电压，为间隔合并单元施加额定值电压和电流，通过合并单元测试仪测量各通道电压和各通道电流之间的相位差，不应超过模拟量准确度的相位误差。

任务 4.4　光纤回路检查

1. 光纤回路检查的技术要求

（1）纵联通道光纤尾纤应呈现自然弯曲（弯曲半径大于 3cm），不应存在弯折的现象，不应承受任何外重，尾纤表皮应完好无损。

（2）尾纤接头应干净无异物，如有污染应立即清洁干净。

（3）尾纤接头连接应牢靠，不应有松动现象。

（4）屏柜内部的尾纤应留有一定裕度，并有防止外力伤害的措施，避免屏柜内其他部件的碰撞或摩擦。尾纤不得直接塞入线槽或用力拉扯，铺放盘绕时应采用圆弧形弯曲，弯曲直径不应小于 100mm，应采用软质材料固定，且不应固定过紧。

2. 光纤回路检查的测试项目及测试方法

（1）对于光纤及微波通道可以采用自环的方式检查通道是否完好。光纤通道还可以通过以下两种方法检查通道是否完好。

1）拔插待测光纤一端的通信端口，观察其对应另一端的通信接口信号灯是否正确熄灭和点亮。

2）或采用激光笔照亮待测光纤的一端而在另外一端检查是否点亮。

（2）对于与光纤及微波通道相连的保护用附属接口设备应对其继电器输出触点、电源和接口设备的接地情况进行检查。

（3）通信专业应对光纤及微波通道的误码率和传输时间进行检查，指标应满足《继电保护和安全自动装置技术规程》（GB/T 14285）的要求。

（4）对于利用专用光纤及微波通道传输保护信息的远方传输设备，应对其发信功率（电平）、收信灵敏度进行测试，并保证通道的裕度满足运行要求。

1）检查内容。检查光纤端口发送功率、接收功率、最小接收功率；光波长 1310nm 光纤，光纤发送功率为 $-20\sim-14$dBm；光接收灵敏度为 $-31\sim-14$dBm；光波长 850nm 光纤，光纤发送功率为 $-19\sim-10$dBm；光接收灵敏度为 $-24\sim-10$dBm；清洁光纤端口，并检查备用接口有无防尘帽。

2）检查方法。

a. 光纤端口发送功率测试方法：用一根跳线（衰耗小于 0.5dB）连接设备光纤发送端口和光功率计接收端口，读取光功率计上的功率值，即为光纤端口的发送功率。

b. 光纤端口接收功率测试方法：将待测设备光纤接收端口的尾纤拔下，插入到光功率计接收端口，读取光读取光功率计上的功率值，即为光纤端口的接收功率。

任务 4.5　智能终端检验

1. 工作电源及外观检查

（1）电源检查。

1）屏柜直流电源检查。

a. 万用表检查装置直流电源输入应满足装置要求，检查电源空气开关对应正确。

b. 推上智能终端装置电源空气开关，打开装置上电源开关，装置应正常启动，内部电压输出正常。

2）装置电源自启动试验。将装置电源换上试验直流电源，且试验直流电源由零缓调至 80%额定电源值，装置应正常启动，"装置失电"告警硬接点由闭合变为打开。

装置工作电源在 80%～110%额定电压间波动，装置应稳定工作，无异常。

3）装置电源拉合试验。

a. 在 80%额定电源下拉合三次装置电源开关，逆变电源可靠启动，装置除因失电引起的装置故障告警信号外，不误发信号。

b. 装置上电后应能正常启动，运行指示灯应正确，无异常告警。

c. 装置掉电瞬间，装置不应误发异常数据。

4）装置上电检查。装置上电运行后，自检正常，操作无异常，面板的 LED 灯显示正常。

（2）装置外观检查。

1）检查屏柜内螺栓是否有松动，是否有机械损伤，是否有烧伤现象；电源开关、空开、按钮是否良好；检修硬压板接触是否良好。

2）检查装置接地端子是否可靠接地，接地线是否符合要求。

3）检查屏柜内电缆是否排列整齐，是否固定牢固，标识是否齐全正确；交直流导线是否有混扎现象。

4）检查屏柜内光缆是否整齐，光缆的弯曲半径是否符合要求；光纤连接是否正确、牢固，是否存在虚接，有无光纤损坏、弯折、挤压、拉扯现象；光纤标识牌是否正确，备用光纤接口或备用光纤是否有完好的护套。

5）检查屏柜内独立装置、继电器、切换把手和压板标识是否正确齐全，且外观无明显损坏。

6）柜内通风、除湿系统是否完好，柜内环境温度、湿度是否满足设备稳定运行要求。

2. 绝缘检查

（1）新安装时，对装置的外引带电回路部分和外露非带电金属部分及外壳之间，以及电气上无联系的各回路之间，用 500V 绝缘电阻表测量其绝缘电阻值，应大于 20MΩ。

（2）新安装时对二次回路使用 1000V 绝缘电阻表测量各端子之间的绝缘电阻，绝缘电阻值应大于 10MΩ。

（3）对二次回路使用 1000V 绝缘电阻表测量各端子对地的绝缘电阻，新安装时绝缘电阻应大于 10MΩ，定期检验时绝缘电阻应大于 1MΩ。

注：绝缘电阻摇测前必须断开交、直流电源；测试结束后应立即放电，恢复接线。

3. 配置文件检查

（1）配置文件版本及 SCD 虚端子检查。

1）检查 SCD 文件头部分（Header）的版本号（version）、修订号（revision）、和修订历史（History）确认 SCD 文件的版本是否正确。

2）采用 SCD 工具检查本装置的虚端子连接与设计虚端子图是否一致。

（2）装置配置文件一致性检测。

1）检查待调试装置和与待调试装置有虚回路连接的其他装置是否已根据 SCD 文件正确下装配置。

2）采用光数字万用表接入待调试装置各 GOOSE 接口，解析其输出 GOOSE 报文的 MAC 地址、APPID、GOID、数据通道等参数是否与 SCD 文件中一致；光数字万用表模拟发送 GOOSE 报文，检查待调试装置是否正常接收。

3）检查待调试装置下装的配置文件中 GOOSE 的接收、发送配置与装置背板端口的对应关系与设计图纸是否一致。

4. 光纤链路检查

（1）检查合并单元光口和与之光纤连接的各装置光口之间的光路连接是否正确，通过依次拔掉各根光纤观察装置的断链信息来检查各端口的 GOOSE 配置是否与设计图纸一致。

（2）将智能终端和与之光纤连接的各装置 GOOSE 接收压板投入，检修压板退出，检查智能终端无 GOOSE 链路告警信息。

5. GOOSE 开入/开出检查

（1）GOOSE 开入检查。根据智能终端的配置文件对数字化继电保护测试仪进行配置，将测试仪的 GOOSE 输出连接到智能终端的输入口，智能终端的输出接点接至测试仪。启动测试仪，模拟某一 GOOSE 开关量变位，检查该 GOOSE 变量所对应的智能终端输出硬接点是否闭合，模拟该 GOOSE 开关量复归，检查对应的输出硬接点是否复归。用上述方法依次检查智能终端所有 GOOSE 开入与硬接点输出的对应关系全部正确。

（2）GOOSE 开出检查。根据智能终端的配置文件对数字化继电保护测试仪进行配置，将测试仪的 GOOSE 输入连接到智能终端的输出口，智能终端的输入接点接至测试仪。启动测试仪，模拟某一开关量硬接点闭合，检查该开关量所对应的智能终端输出 GOOSE 变量是否变位，模拟该开关量硬接点复归，检

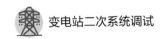

查对应的智能终端输出 GOOSE 变量是否复归。用上述方法依次检查智能终端所有硬接点输入与 GOOSE 开出的对应关系全部正确。

6. 动作时间测试

通过数字化继电保护测试仪对智能终端发跳合闸 GOOSE 报文，作为动作延时测试的起点，智能终端收到报文后发跳合闸命令送至测试仪，作为动作延时测试的终点，从测试仪发出跳合闸 GOOSE 报文，到测试仪接收到智能终端发出的跳合闸命令的时间差，即为智能终端的动作时间，测量 5 次，要求动作时间均不大于 7ms。

7. 检修压板闭锁功能检查

（1）检修标志置位功能检查。将智能终端检修压板投入，检查智能终端输出的 GOOSE 报文中的"TEST"值应为 1。再将智能终端检修压板退出，检查智能终端输出的 GOOSE 报文中的"TEST"值应为 0。当智能终端检修压板投入，而 GOOSE 链路对端装置的检修压板退出时该 GOOSE 链路告警。

（2）GOOSE 报文处理机制检查。分别修改 GOOSE 跳、合闸命令报文中的检修位和智能终端检修压板状态，检查智能终端对 GOOSE 检修报文处理是否正确。当检修状态一致时，智能终端将 GOOSE 跳、合闸命令视为有效，当检修状态不一致时，智能终端将 GOOSE 跳、合闸命令视为无效。

8. 异常告警功能检查

（1）电源中断告警。断开智能终端直流电源，检查装置告警硬接点应接通。

（2）装置异常告警。检查装置插件故障时应有告警信号（通信板、CPU 等）。

（3）GOOSE 异常告警。拔出对应的通信光纤或网线，智能终端发 GOOSE 异常告警；插入对应的通信光纤或网线，GOOSE 异常告警复归。

（4）控制回路断线告警。模拟控制回路断线，检查智能终端输出的 GOOSE 报文有对应告警信息。

🔍 思 考 题

1. 单选题：ICD 文件中描述了装置的数据模型和能力，包括（　　）。

A. 装置包含哪些逻辑装置、逻辑接点

B. 逻辑接点类型、数据类型的定义

C. 装置通信能力和参数的描述

D. 以上都是

答案：D

2. 单选题：GOOSE 报文保证其通信可靠性的方式是（　　）。

A. 协议问答握手机制

B. 由以太网链路保证

C. 报文重发与超时机制

D. MAC 地址与端口绑定

答案：C

3. 单选题：级联后合并单元的采样延时应不大于（　　）ms。

A. 1　　　　　　　B. 2　　　　　　　C. 3　　　　　　　D. 4

答案：B

4. 单选题：合并单元 MU 与保护装置之间 SV 通信中断后，保护装置应（　　），保护装置液晶面板应提示"SV 通信中断"且（　　）灯亮。

A. 可靠闭锁，告警　　　　　　　B. 可靠闭锁，跳闸

C. 可靠动作，告警　　　　　　　D. 可靠动作，跳闸

答案：A

5. 单选题：通过数字化继电保护试验装置发送一组 GOOSE 跳闸命令给智能终端，并接收智能终端的跳闸硬接点输出信号，记录报文发送与硬接点信号的时间差应不大于（　　）ms。

A. 5　　　　　　　B. 6　　　　　　　C. 7　　　　　　　D. 8

答案：C

6. 多选题：光纤通道应（　　）检查通道是否完好。

A. 自环

B. 检查光纤接头外观

C. 拔插待测光纤一端的通信端口，观察其对应另一端的通信接口信号灯是否正确熄灭和点亮

D. 采用激光笔照亮待测光纤的一端而在另外一端检查是否点亮

答案：ACD

|项目五 整 组 试 验|

任务 5.1 整组试验的分类和内容

1. 整组试验分类

（1）进在做完每一套单独保护（元件）的整定检验后，需要将同一被保护设备的所有保护装置连在一起进行整组的检查试验，以校验各保护装置在故障及重合闸过程中的动作情况和保护回路设计正确性及其调试质量。

（2）若同一被保护设备的各套保护装置皆接于同一电流互感器二次回路，则按回路的实际接线，自电流互感器引进的第一套保护屏柜的端子排上接入试验电流、电压，以检验各套保护相互间的动作关系是否正确。如果同一被保护设备的各套保护装置分别接于不同的电流回路时，则应临时将各套保护的电流回路串联后进行整组试验。

（3）对新安装保护装置的验收检验或全部检验时，可先进行每一套保护（指几种保护共用一组出口的保护总称）带模拟断路器（或带实际断路器或采用其他手段）的整组试验，每一套保护传动完成后，还需模拟各种故障用所有保护带实际断路器进行整组试验。新安装保护装置或回路经更改后的整组试验由基建单位负责时，生产部门继电保护验收人员应参加试验，了解掌握试验情况。部分检验时，只需要用保护实际带断路器进行整组试验。

2. 整组试验内容

（1）整组试验时应检查各保护之间的配合、装置动作行为、断路器动作行为、保护起动故障录波信号、厂站自动化系统信号、中央信号、监控信息等正确无误。

（2）借助于传输通道实现的纵联保护、远方跳闸等的整组试验，应与传输通道的检验一同进行。必要时，可与线路对侧的相应保护配合一起进行模拟区内、区外故障时保护动作行为的试验。

（3）对装设有综合重合闸装置的线路，应检查各保护及重合闸装置间的相互动作情况与设计相符合。为减少断路器的跳合次数，试验时，应以模拟断路器代替实际的断路器。使用模拟断路器时宜从操作箱出口接入，并与装置、试验器构成闭环。

（4）将装置（保护和重合闸）带实际断路器进行必要的跳、合闸试验，以检验各有关跳、合闸回路、防止断路器跳跃回路、重合闸停用回路及气（液）压闭锁等相关回路动作的正确性，每一相的电流、电压及断路器跳合闸回路的相别是否一致。

（5）在进行整组试验时，还应检验断路器、合闸线圈的压降不小于额定值的 90%。

任务 5.2 整组试验过程中应检查的问题

（1）各套保护间的电压、电流回路的相别及极性是否一致。

（2）在同一类型的故障下，应该同时动作于发出跳闸脉冲的保护，在模拟短路故障中是否均能动作，其信号指示是否正确。

（3）有两个线圈以上的直流继电器的极性连接是否正确，对于用电流起动（或保持）的回路，其动作（或保持）性能是否可靠。所有相互间存在闭锁关系的回路，其性能是否与设计符合。

（4）所有在运行中需要由运行值班员操作的把手及连片的连线、名称、位置标号是否正确，在运行过程中与这些设备有关的名称、使用条件是否一致。

（5）中央信号装置或监控系统的有关光字、音响信号指示是否正确。

（6）各套保护在直流电源正常及异常状态下（自端子排处断开其中一套保护的负电源等）是否存在寄生回路。

（7）断路器跳、合闸回路的可靠性，其中装设单相重合闸的线路，验证电压、电流、断路器回路相别的一致性及与断路器跳合闸回路相连的所有信号指示回路的正确性。对于有双跳闸线圈的断路器，应检查两跳闸接线的极性是否一致。

（8）自动重合闸是否能确实保证按规定的方式动作并保证不发生多次重合情况。

思考题

1. 单选题：在进行整组试验时，还应检验断路器、合闸线圈的压降不小于额定值的（　　）。

A. 80%　　　　　　B. 85%　　　　　　C. 90%　　　　　　D. 95%

答案：C

2. 单选题：整组试验结束后应在恢复接线前测量交流回路的（　　）。

A. 直流电阻 　　　　　　　　　　B. 绝缘电阻

C. 合闸电阻 　　　　　　　　　　D. 分闸电阻

答案：A

3. 判断题：新安装装置验收检验时，应先进行每一套保护带模拟断路器、实际断路器或其他有效方式的整组试验。之后，再模拟各种故障，将所有保护带实际断路器进行整组试验，各装置在故障及重合闸过程中的动作情况和出口压板的对应关系应正确。　　　　　　　　　　　　　　　　　　（　　）

答案：正确

|项目六　设备通信接口检查|

任务 6.1　智能设备通信检查内容及要求

1. 智能设备通信通信接口检查

（1）检查通信接口种类和数量是否满足要求，检查光纤端口发送功率、接收功率、最小接收功率。

（2）光波长 1310nm 光纤：光纤发送功率为 $-20\sim-14$dBm；光接收灵敏度为 $-31\sim14$dBm。

（3）光波长 850nm 光纤：光纤发送功率为 $-19\sim-10$dBm；光接收灵敏度为 $-24\sim10$dBm。

（4）清洁光纤端口，并检查备用接口有无防尘帽。

2. 智能设备通信软件和设备报文检查

（1）检查设备保护程序/通信程序/CID 文件版本号、生成时间、CRC 校验码，应与历史文件比对，核对无误。

（2）检查设备过程层网络接口 SV 和 GOOSE 通信源 MAC 地址、目的 MAC 地址、VLAN ID、APPID、优先级是否正确。

（3）检查设备站控层 MMS 通信的 IP 地址、子网掩码是否正确，检查站控层 GOOSE 通信的源 MAC 地址、目的 MAC 地址、VLAN ID、APPID、优先级是否正确。

（4）检查 GOOSE 报文的时间间隔。首次触发时间 T1 宜不大于 2ms，心跳时间 T0 宜为 1～5s；检查 GOOSE 存活时间，应为当前 2 倍 T0 时间；检查 GOOSE 的 STNUM、SQNUM。

任务 6.2　智能设备通信功能检查方法

1. 智能设备通信接口检查方法

用一根跳线（衰耗小于 0.5dB）连接设备光纤发送端口和光功率计接收端口，卖取光功率计上的功率值，即为光纤端口的发送功率。光纤端口发送功率检验方法见图 5-5。

图 5-5　光纤端口发送功率检验方法

将待测设备光纤接收端口的尾纤拔下，插入到光功率计接收端口，读取光读取光功率计上的功率值，即为光纤端口的接收功率。光纤端口接收功率检验方法见图 5-6。

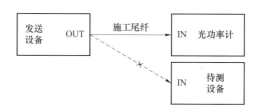

图 5-6　光纤端口接收功率检验方法

2. 智能设备通信软件和设备报文检查方法

（1）现场故障录波器/网络报文监视分析仪的接线和调试完成，也可以通过故障录波器/网络记录分析仪抓取通信报文的方法来检查相关内容。

（2）设备液晶面板能够显示上述检查内容，则通过液晶面板读取相关信息。

（3）液晶面板不能显示检查内容，则通过便携式电脑抓取通信报文的方法来检查相关内容，将便携式电脑与待测设备连接好后，抓取需要检查的通信报文并进行分析。

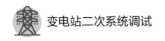

| 项目七   一次通流、加压试验 |

任务 7.1   试验要求

（1）对新安装的保护装置，各有关部门需分别完成下列各项工作后，才允许进行以下所列的试验工作：

1）符合实际情况的图纸与保护装置的技术说明及现场使用说明。

2）运行中需由运行值班员操作的连接片、电源开关、操作把手等的名称、用途、操作方法等应在现场使用说明中详细注明。

（2）对新安装的或设备回路有较大变动的保护装置，在投入运行以前，应用一次电流及工作电压加以检验和判定，要求如下：

1）对接入电流、电压的相互相位、极性有严格要求的保护装置（如带方向的电流保护、距离保护等），其相别、相位关系以及所保护的方向是否正确。

2）电流差动保护（母线、发电机、变压器的差动保护、线路纵联差动保护及横差保护等）接到保护回路中的各组电流回路的相对极性关系及变比是否正确。

3）每组电流互感器（包括备用绕组）的接线是否正确，回路连线是否牢靠。

4）定期检验时，如果设备回路没有变动（未更换一次设备电缆、辅助变流器等），只需用简单的方法判明曾被拆动的二次回路接线确实恢复正常（如对差动保护测量其差电流、用电压表测量继电器电压端子上的电压等）即可。

任务 7.2   试验内容

（1）测量电压、电流的幅值及相位关系。

（2）对使用电压互感器三次电压或零序电流互感器电流的保护装置，应利用一次电流与工作电压向装置中的相应元件通入模拟的故障量或改变被检查元件的试验接线方式，以判明装置接线的正确性。

注：由于整组试验中已判明同一回路中各保护元件间的相位关系是正确的，因此该项检验在同一回路中只须选取其中一个元件进行检验即可。

（3）测量电流差动保护各组电流互感器的相位及差动回路中的差电流（或差电压），以判明差动回路接线的正确性及电流变比补偿回路的正确性。所有差动保护（母线、变压器、发电机的纵差、横差等）在投入运行前，除测定相回路和差回路外，还应测量各中性线的不平衡电流、电压，以保证保护装置和二次回路接线的正确性。

（4）检查相序滤过器不平衡输出的数值应满足保护装置的技术条件。

（5）对高频相差保护、导引线保护，须进行所在线路两侧电流电压相别、相位一致性的检验。

（6）对导引线保护，须以一次负荷电流判定导引线极性连接的正确性。

思 考 题

单选题：应用一次电流及工作电压加以检验的注意事项有（　　　）。

A. TA 不能开路

B. TV 能短路

C. TA 能开路

D. TV 不能开路

答案：A

| 项目八　线路保护改造二次安全措施票的编制及执行 |

任务 8.1　二次安全措施票的编制及执行

1. 二次安全措施票的关键风险点防范措施

（1）误跳运行开关。

1）在断路器保护屏确认与线路相关断路器保护失灵出口压板[失灵启母线压板、失灵跳相邻运行断路器压板、失灵远跳运行线路压板（失灵联跳主变压板）]已退出，并用红色绝缘胶布包扎。

2）在母线保护屏将对应边断路器保护失灵启母线二次回路拆除，同时在边断路器保护屏测量电位，拆除的接线用红色绝缘胶布包好。

3）若是 3/2 接线，则在本串另一边断路器保护屏将中断路器保护失灵跳闸回路拆除，同时在中断路器保护屏测量电位，拆除的接线用红色绝缘胶布包好。

4）若是 3/2 接线，在另一线路保护屏（主变压器保护屏）将对应的中断路器保护失灵远跳运行线路（失灵联跳运行主变压器）回路拆除，同时在中断路器保护屏测量电位，拆除的接线用红色绝缘胶布包好。

5）若线路保护电流串至过负荷联切等安全自动装置的，检查相关过电流联

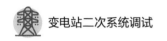

切或过电流遥切装置功能和跳闸出口退出，在过负荷联切等安全自动装置屏将相应电流端子排连片短接并打开。

（2）电压二次回路短路、接地或误向运行电压二次回路反充电。在线路保护屏二次电压回路电源侧解线或划开端子，同时在本屏测量电位，拆除的接线用红色绝缘胶布包好。

（3）二次接线拆动时，有可能造成二次交、直流电压回路短路、接地。

1）在直流馈线屏拉开本间隔线路保护、断路器保护装置电源开关、控制电源开关。保护更换的过程中，拉开的空开应采取措施防止误投。

2）将本间隔测控装置遥信电源拉开，并采取措施防止误投。

3）在故障录波器屏将至本间隔保护开关量接线公共端解下。

4）将线路保护屏交流电源回路在电源端解线。

2．旧屏及二次回路拆除

（1）二次电缆拆除前应用万用表交直流档位逐个测量端子排对地无电，防止发生低压触电。

（2）检查保护屏的屏顶小母线是否与相邻屏柜连接，是否有电缆与其他屏相连，确保屏柜拆除时对其他屏柜无影响。

（3）对于采用串口通信方式的，拆除通信线时确保不影响其他装置通信。

3．回路绝缘检查

绝缘测试时应通知有关人员暂时停止在回路上的一切工作，断开直流电源，拆开回路接地点，断开与运行装置相关的所有回路，以免造成人身或设备伤害。测试后，应将各回路对地放电并恢复。

4．定值整定

（1）确认保护装置版本号、校验码与定值单一致。

（2）确认电流互感器 TA 变比与定值单一致。

5．装置检验

（1）试验前打开所有电压、电流连片，端子外侧用红色绝缘胶布封住。

（2）加试验电压时试验线接于端子排内侧。

（3）加压前要先测量电压回路确无电压。

6．工作结束前检查

严格按照二次工作安全措施票倒序恢复。

思 考 题

1. 判断题：在母线保护屏将对应边断路器保护失灵启母线二次回路拆除，同时在边断路器保护屏测量电位，拆除的接线用黄色绝缘胶布包好。（　　）

答案： 错误

2. 判断题：若线路保护电流串至过负荷联切等安全自动装置的，检查相关过流联切或过流遥切装置功能和跳闸出口退出，无须在过负荷联切等安全自动装置屏将相应电流端子排连片短接并打开。（　　）

答案： 错误

3. 判断题：严格按照二次工作安全措施票顺序恢复。（　　）

答案： 错误

4. 单选题：在线路保护屏二次电压回路（　　）解线，同时在本屏测量电位，拆除的接线用红色绝缘胶布包好。

A. 电源侧　　　　　B. 内侧　　　　　C. 外侧　　　　　D. 负荷侧

答案： A

| 项目九　继电保护及相关装置系统的验收 |

任务 9.1　电流、电压互感器验收

1. 电流互感器验收

1）电流互感器一次绕组的 L1 端应指向母线侧，对于装有小瓷套的电流互感器，小瓷套侧应放置在母线侧。

2）二次绕组所有绕组极性正确。

3）核对保护使用的二次绕组变比与定值单一致，保护使用的二次绕组接线方式和 TA 的类型、准确度和容量满足要求。

4）应对各保护二次绕组伏安特性、直流电阻和回路负载进行测试，10%误差分析计算满足要求。

5）双重化配置的主保护应使用电流互感器的不同二次绕组，二次绕组的分配应注意避免当一套保护停用时，出现保护区内故障时的保护动作死区。

6）核对电流互感器各二次绕组与保护对应关系，防止由于电流互感器内

部故障导致保护存在死区。为避免油纸电容型电流互感器底部事故时扩大影响范围，母差保护的二次绕组应设在一次母线的 L1 侧。

7）变压器保护使用的低压侧电流互感器宜安装于母线侧隔离开关与断路器之间，使纵联差动保护范围包括低压侧断路器。

2. 电压互感器验收

1）核对保护使用的二次绕组变比与定值单一致，保护使用的二次绕组接线方式、准确度和容量满足要求。

2）所有绕组极性正确，同一电压等级两段电压互感器零序电压的接线方式一致。

3）双重化保护装置的交流电压宜分别取自电压互感器互相独立的绕组。

4）可用绝缘电阻表校验金属氧化物避雷器的工作状态，一般当用 1000V 绝缘电阻表，金属氧化物避雷器不应击穿；而用 2500V 绝缘电阻表时应可靠击穿。500kV 及以上系统宜根据电网接地故障时通过变电站的最大接地电流有效值进行校验，其击穿电压峰值应大于 $30I_{max}$（I_{max} 为电网接地故障时通过变电站的可能最大接地电流有效值，单位为 kA）。

5）二次绕组自动开关宜使用单极自动开关；零序电压回路不应装设熔断器或自动开关。

6）屏（柜）与端子箱电压回路的自动开关跳闸动作值满足要求，并校验逐级配合关系正确，自动开关失压告警信号正确。

🔍 思 考 题

1. 多选题：下列接入保护的电流互感器二次线圈分配原则正确的是：（　　　）。

A. 双重化配置的继电保护，其电流回路应分别取自电流互感器相互独立的绕组

B. 电流互感器的保护级次应靠近 L1（P1）侧（即母线侧），测量（计量）级次应靠近 L2（P2）侧

C. 保护级次绕组从母线侧按先母差保护后间隔保护排列

D. 母联或分段回路的电流互感器，装小瓷套的一次端子 L1（P1）侧应靠近母联或分段断路器；接入母差保护的二次绕组应靠近 L1（P1）侧

答案：ABD

2. 单选题：由几组电流互感器二次组合的电流回路，应在（　　　）接地。

A. 多点分别 　　　　　　　　B. 有直接电气连接处一点

C. 端子箱 　　　　　　　　　D. 保护屏

答案：B

3. 单选题：安装电流互感器时，装小瓷套的一次端子 L1（P1）应在（　　）侧。

A. 线路 　　　B. 开关 　　　C. 变压器 　　　D. 母线

答案：D

4. 多选题：电压互感器的误差表现在（　　）几个方面。

A. 幅值误差 　　B. 角度误差 　　C. 稳态误差 　　D. 暂态误差

答案：AB

5. 多选题：电压互感器端子箱处应配置（　　）自动空气开关，保护屏柜上交流电压回路的自动空气开关应与电压回路总路开关在（　　）时限上有明确的配合关系。

A. 分相　跳闸 　　　　　　　B. 分相　合闸

C. 三相　跳闸 　　　　　　　D. 三相　合闸

答案：A

6. 多选题：电流、电压互感器安装竣工后，继电保护检验人员应检查电流、电压互感器的（　　）应符合设计要求。

A. 耐压 　　　B. 变比 　　　C. 容量 　　　D. 准确级

答案：BCD

任务 9.2　保护装置单体功能验收内容及要求

1. 装置外观

（1）装置铭牌表示的型号、额定参数（直流电源额定电压、交流额定电流和电压、跳合闸电流等）符合设计要求。

（2）把手、压板及按钮等附件操作灵活。

（3）插件电路板无损伤、无变形，连线良好，元件焊接良好，芯片插紧，插件上的变换器、继电器固定良好无松动（应采取防静电措施）。

（4）插件内的功能跳线（或拨动开关位置）满足运行要求。

（5）装置端子排螺丝固定，配线良好。

2. 装置绝缘

用 500V 绝缘电阻表从保护屏（柜）端子排处，向端子排内侧测量各回路

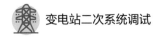

之间及对地绝缘电阻，要求阻值均大于 20MΩ。

3. 装置上电

（1）软件版本号和 CRC 码与继电保护职能管理部门认证一致。

（2）时钟与授时一致。

4. 逆变电源

（1）电源电压缓慢上升至 80%额定值时应正常自启动，且拉合直流开关应可靠启动。

（2）输出电压幅值应在装置技术参数范围以内。

5. 开关量输入回路

（1）保护压板投退输入压板变位正确，不存在寄生回路。

（2）断路器位置变位情况应与实际情况一致。

（3）其他开入量变位情况应与实际情况一致。对于装置间不经附加判据直接启动跳闸的开入量，光耦开入的动作电压应控制在额定直流电源电压的 55%～70%以内。

6. 开关量输出回路

所有输出压板功能正确，输出到端子排的触点及信号的通断状态正确。

7. 模数变换系统

（1）电流、电压幅值精度满足装置技术条件的规定。

（2）模拟量相位测量精度满足装置技术条件的规定。

8. 定值整定和逻辑功能

（1）模拟保护区内、外故障，各保护元件动作值、动作时间及动作行为正确。

（2）非电量保护动作逻辑正确，中间继电器动作电压应为 55%～70%额定电压，动作功率不小于 5W。

（3）宜采用断路器本体三相不一致逻辑功能；中间继电器动作电压应为 55%～70%额定电压，动作功率不小于 5W，时间继电器按定值单要求整定。

（4）安全稳定控制装置控制策略正确，备用电源自动投入等自动装置逻辑功能正确。

（5）通道名称、启动定值、测距参数等内容整定正确；开关量、模拟量等启动录波正确，波形分析及测距正确。

9. 打印功能

就地打印功能正确；网络打印功能应根据设计要求，结合竣工验收进行。

10. 操作箱

（1）动作电压应为 55%～70% 额定电压；动作功率不小于 5W。

（2）操作箱跳闸、合闸电流参数跳线设置与断路器实际跳闸、合闸电流一致。

（3）宜采用断路器本体防止跳跃逻辑回路，与保护传动配合正确。

（4）交流电压回路切换正确，指示及告警正确。

11. 纵联保护通道

（1）专用载波通道。

通频带特性：包括输入阻抗、输出阻抗、传输衰耗、工作衰耗等，应满足电力线载波通信有关规定。

收发信机各项功能指标符合《继电保护专用电力载波收发信机技术条件》（DL/T 524）的要求。

通道的传输衰耗、工作衰耗和输入阻抗、输出阻抗满足电力线载波通信有关规定要求。

收信电平、衰耗值设置、收信裕度及 3dB 告警满足装置技术说明书和有关规程要求。

（2）复用载波通道。

两侧发信、收信对应回路接线正确。

解除闭锁逻辑正确，取消保护接口的收发信展宽时间。

"允许跳闸"信号的返回时间应不大于通道传输时间。

（3）光纤通道。

对于光纤通道（包括备用纤芯）采用自环的方式检查光纤通道完好，光衰耗满足装置技术指标要求。

内部时钟设置正确，收、发延时应一致，通道纵联码设置正确；通道正常或切换时，收、发通道不能采用不同路由。

"允许跳闸"信号的返回时间应不大于通道传输时间。

发信光功率、收信灵敏度及通道裕度测试数据满足厂家装置技术说明书要求（含接口装置）。

🔍 **思 考 题**

1. 多选题：下列关于保护装置外部检查说法正确的是：（   ）。

A. 保护装置的配置、型号、额定参数等实际构成情况是否与设计相符合

B. 检查主要设备、辅助设备的工艺质量，以及导线与端子采用材料的质量

C. 屏柜上的标志应正确完整清晰，并与图纸和运行规程相符

D. 应将保护屏柜上不参与正常运行的连接片取下，或采取其他防止误投的措施

答案：ABCD

2. 多选题：对继电保护装置进行通电检查时，应按照保护装置技术说明书描述的方法，检查并记录装置的（   ）等信息。

A. 出厂日期   B. 硬件和软件版本号

C. 校验码   D. 生产日期

答案：BC

3. 多选题：对继电保护装置工作电源进行检验时说法正确的是：（   ）。

A. 70%额定工作电源下保护装置应稳定工作

B. 直流电源拉合试验时，逆变电源应可靠启动，保护装置不误动，不误发信号

C. 保护装置断电恢复过程中无异常，通电后工作稳定正常

D. 在保护装置上电掉电的瞬间，保护装置不应发异常数据，继电器不应误动作

答案：BCD

4. 判断题：继电保护装置检验可以从运行设备上接取试验电源。（   ）

答案：错误

5. 判断题：进行零点漂移检验时，要求保护装置不输入交流电流、电压量，观察装置在一段时间内的零漂值满足装置技术条件的规定。 （   ）

答案：正确

6. 判断题：智能变电站检验前应熟悉全站 SCD 文件和继电保护装置的 CID 文件。 （   ）

答案：正确

7. 单选题：用（   ）V 绝缘电阻表从保护屏（柜）端子排处，向端子排内侧测量各回路之间及对地绝缘电阻，要求阻值均大于（   ）MΩ。

A. 500，10   B. 500，20   C. 1000，10   D. 1000，20

答案：B

8. 单选题：非电量保护动作逻辑正确，中间继电器动作电压应在（　　）额定电压，动作功率不小于（　　）W。

A. 55%～70%，5　　　　　　　B. 55%～70%，10

C. 50%～80%，5　　　　　　　D. 50%～80%，10

答案：A

9. 判断题：断路器宜采用本体三相不一致和本体防跳。　　　　（　　）

答案：正确

任务 9.3　线路保护（含辅助保护）装置系统功能验收

1. 二次回路逻辑功能

试验前所有保护、测控、控制等电源均投入；轮流断开某路电源，分别测试其直流端子对地电压，其结果均为 0V,且不含交流成分。

SF_6 气体压力、空气压力（或油压）降低或弹簧未储能闭锁回路接线及功能正确。

断路器机构内配置两套完整的跳闸回路，且由不同的直流电源供电。分别断开一组操作电源，断路器均能正常跳闸；任意一段直流母线失电时，运行在正常直流母线的保护装置能跳开相应断路器。

各失灵启动回路中对应的触点、压板接线正确。

失灵保护跳闸逻辑回路正确。

重合闸逻辑功能与运行要求一致。

母差、失灵等保护动作闭锁重合闸逻辑回路正确。

远跳等其他保护闭锁重合闸逻辑回路正确。

跳闸、发信逻辑回路正确；收远跳及相应就地判据逻辑回路正确。

线路、断路器保护跳闸逻辑回路及相关功能正确。

2. 信号回路

保护装置动作、异常、告警等信号正确，监控系统信息正确。

3. 录波信号回路

跳 A 相、跳 B 相、跳 C 相、跳三相、永跳、重合闸等启动录波正确。

收信输入、发信输出、通道告警等录波正确。

4. 通道联调

两侧分别模拟线路区内、外故障，高频保护元件动作及闭锁正确。

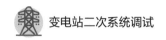

两侧分别通入额定电流，检查 TA 变比系数、相别正确。

两侧分别模拟区内故障，保护动作正确。

两侧分别模拟远跳、远传，保护动作正确。

5. 整组试验

保护装置的整组传动试验，应在 80%额定直流电压条件下进行，试验不允许使用运行中的直流电源。分别模拟单相瞬时、永久故障和相间故障，各保护间的配合、保护装置动作（重合闸）逻辑、断路器动作逻辑正确，信号正确，故障录波器、故障信息管理系统数据正确，监控系统信息正确。

断路器本体三相不一致逻辑与保护配合正确，信号正确，故障录波器数据正确，监控系统信息正确。

思 考 题

1. 单选题：保护装置的整组传动试验，应在（　　　）额定直流电压条件下进行。

A. 60%　　　　　　B. 70%　　　　　　C. 80%　　　　　　D. 90%

答案： C

2. 判断题：断路器机构内配置两套完整的跳闸回路，且由相同的直流电源供电。　　　　　　　　　　　　　　　　　　　　　　　　（　　　）

答案： 错误

任务 9.4　变压器保护装置系统功能验收

1. 二次回路逻辑功能

试验前所有测控、保护、控制等电源均投入，轮流断开某路电源，分别测试其直流电源端子对地电压，其结果应为 0V,且不含交流成分。

各失灵启动回路中对应的触点、压板接线正确。

保护解除失灵复压闭锁逻辑回路正确。

失灵保护跳闸逻辑回路正确。

失灵保护联跳变压器三侧断路器逻辑回路正确。

2. 变压器（电抗器）本体保护逻辑

（1）本体、有载重瓦斯等跳闸逻辑回路正确。

（2）轻瓦斯、绕组温度高、油温高、油压速动等信号回路正确。

（3）非电量保护不应启动失灵保护。

3. 冷却器全停跳闸逻辑

油温、电流闭锁逻辑回路正确，跳闸逻辑及信号回路正确。

4. 差动和后备保护跳闸逻辑

跳闸矩阵与定值单相符。

变压器保护跳各侧断路器和母联（分段）断路器、旁路断路器逻辑回路（时序）正确。

5. 信号回路

保护装置动作、异常、告警等信号正确，监控系统信息正确。

6. 录波信号

差动保护、后备保护、非电量保护跳闸等启动录波正确。

7. 整组试验

保护装置的整组传动试验，应在 80%额定直流电压条件下进行，试验不允许使用运行中的直流电源。保护动作及断路器跳闸时序正确，信号　正确，故障录波器、故障信息管理系统数据正确，监控系统信息正确。

本体重瓦斯、有载重瓦斯、压力释放等动作及断路器跳闸正确，信号正确，故障录波器、故障信息管理系统数据正确，监控系统信息正确。

断路器本体三相不一致逻辑与保护配合正确，信号正确，故障录波器数据正确，监控系统信息正确。

思考题

1. 多选题：变压器（电抗器）　本体保护逻辑正确的是：（　　　）。

A. 本体、有载重瓦斯等跳闸逻辑回路正确

B. 轻瓦斯、绕组温度高、油温高、油压速动等信号回路正确

C. 非电量保护不应启动失灵保护

D. 非电量保护启动失灵保护

答案：ABC

2. 多选题：主变压器保护可通过整定跳闸矩阵跳开：（　　　）。

A. 主变压器三侧断路器　　　　　　B. 高压侧母联断路器

C. 中压侧母联断路器　　　　　　　D. 低压侧母联断路器

答案：ABCD

任务 9.5　母线保护装置系统功能验收

1. 二次回路逻辑功能

对应保护的失灵启动逻辑回路正确。

按施工设计图纸，核对电流输入回路与隔离开关辅助触点开入一一对应，装置显示正确。

2. 信号回路

保护装置动作、异常、告警等信号正确，监控系统信息正确。

3. 录波信号

母差跳各母线，失灵跳各母线启动录波等正确。

4. 整组传动

保护出口压板与对应的断路器跳闸逻辑回路正确。

保护装置的整组传动试验，应在 80%额定直流电压条件下进行，试验不允许使用运行中的直流电源。模拟各段母线区内故障，母差保护的动作行为正确，故障母线上的所有断路器同时跳闸正确，信号正确，故障录波器、故障信息管理系统数据正确，监控系统信息正确。

保护装置的整组传动试验，应在 80%额定直流电压条件下进行，试验不允许使用运行中的直流电源。模拟断路器失灵，失灵保护动作应跳开相应母线上的各断路器，若母联断路器失灵，应跳开两段母线上的所有断路器，信号正确，故障录波器、故障信息管理系统数据正确，监控系统信息正确。

🔍 思 考 题

1. 判断题：失灵保护动作应跳开相应母线上的各断路器，若母联断路器失灵，应跳开两段母线上的所有断路器。　　　　　　　　　（　　）

答案：正确

2. 多选题：下列关于失灵保护说法正确的是：（　　　）。

A. 线路—变压器和线路—发变组的线路和主设备电气量保护均应启动断路器失灵保护

B. 当本侧断路器无法切除故障时，应采取启动远方跳闸等后备措施加以解决

C. 220kV 及以上电压等级变压器的断路器失灵时，除应跳开失灵断路器相邻的全部断路器外，高压侧和中压侧的断路器失灵保护还应跳开本变压器连接

其他侧电源的断路器

D. 双重化配置的母差失灵保护，其跳闸回路应分别对应断路器的不同跳闸线圈

答案： ABCD

任务 9.6　故障录波器装置系统功能验收

1. 系统功能

配合一次升流和二次升压，核对模拟量名称定义及录波正确。

配合保护装置传动，核对开关量名称定义及启动录波正确。

继电保护故障信息子站调用录波文件正确。

继电保护故障信息系统和录波主站远方调用录波文件正确。

2. 信号回路

装置动作、异常、告警等信号正确，监控系统信息正确。

🔍 思 考 题

判断题：继电保护故障信息系统和录波主站远方不需要调用录波文件。

（　　　）

答案： 正确

任务 9.7　安全自动装置系统功能验收

1. 信号回路

装置动作、异常、告警等信号正确，监控系统信息正确。

2. 录波信号

启动录波正确。

3. 系统功能联调

主站、分站间模拟量、开关量等信息传输、采集正确，控制策略模拟传动正确。

主站、分站间远方控制功能试验正确。

配合一次升流和二次升压，核对模拟量输入回路正确。

配合保护装置传动，检查装置动作及闭锁逻辑正确。

带断路器传动正确，信号正确，故障录波器、故障信息管理系统数据正确，监控系统信息正确。

🔍 **思 考 题**

判断题：安全自动装置主站、分站间模拟量、开关量等信息传输、采集正确，控制策略模拟传动正确，但无须配合保护装置传动。　　　（　　）

答案：错误

任务 9.8　继电保护及故障信息管理系统功能验收

1. 系统组态及功能

一、二次设备建模及图形建模应与现场情况相符。

一、二次设备的命名应清晰规范并与调度命名一致。

保护信息分类、合并及排序，定值检查、录波分析、故障测距、数据上传等子系统功能正确完备。

与主站通信及调用、上送数据正常，定值、采样值、录波数据、故障数据、保护通信告警等正确完备。

2. 信号回路

装置异常、告警等信号正确，监控系统信息正确。

🔍 **思 考 题**

判断题：一、二次设备的命名应清晰规范，无须调度命名一致。（　　　）

答案：错误。

任务 9.9　保护装置投运验收

1. 装置投运前工作

打印定值与定值单核对无误。宜采用以下方式：将正式运行定值放在第一定值区；正式运行的备用定值放在第二定值区；特殊运行方式的定值等依次推后；调试定值放在最后一区。

电流回路应进行紧固，所有临时拆、接线恢复到运行状态。

保护装置与授时系统时钟一致。

2. 带负荷试验

保护装置投入运行前，负荷电流不低于电流互感器额定电流的10%。

电流实测值与系统潮流大小及方向核对正确，电流回路中性线的不平衡电流正常。

线路保护及其辅助保护（含断路器保护、短引线保护等）电流、电压幅值及相位关系正确。

变压器差动保护、后备保护各侧电压电流幅值及相位关系正确。

母线差动保护各组电流、电压幅值及相位关系正确。

故障录波器、行波测距等装置电流、电压幅值及相位关系正确。

电压、电流互感器备用绕组幅值正确。

变压器差动保护差流正确。

母线差动保护差流正确。

其他差动保护差流正确。

记录电压互感器二次回路控制室一点接地线的电流，作为新建站的原始参考数据。

同一电压等级各段母线二次电压核相正确，并列正常；所有屏（柜）电压回路核相正确。

在线路带电的情况下，调整高频通道的衰耗及通道裕度满足要求。

🔍 思 考 题

1. 单选题：保护装置投入运行前，负荷电流不低于电流互感器额定电流的
（　　）。

A. 10%　　　　　B. 20%　　　　　C. 30%　　　　　D. 40%

答案：A

2. 判断题：打印定值与定值单核对无误，宜采用以下方式：将正式运行定值放在第一定值区；正式运行的备用定值放在任一定值区。　　　　（　　）

答案：错误

| 项目十　投运前的检查及带负荷试验 |

任务 10.1　常规变电站保护装置投运前的检查

1. 投运前对保护装置进行检查

现场工作结束后，工作负责人应检查试验记录有无漏试项目，核对保护装

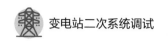

置的整定值是否与定值通知单相符，试验数据、试验结论是否完整正确。盖好所有保护装置及辅助设备的盖子，对必要的元件采取防尘措施。

清除试验过程中微机装置及故障录波器产生的故障报告、告警记录等所有报告。

检查全站 SCD 文件及相应 CRC 校验码，所有被检设备的保护程序、通信程序、配置文件、CID 文件及相应 CRC 校验码是否都正确保存。

2. 投运前对接线进行检查

拆除在检验时使用的试验设备、仪表及一切连接线，清扫现场，所有被拆动的或临时接入的连接线应全部恢复正常，所有信号装置应全部复归。

3. 填写运行交待

填写继电保护工作记录，将主要检验项目和传动步骤、整组试验结果及结论、定值通知单执行情况详细记载于内，对变动部分及设备缺陷、运行注意事项应加以说明，并修改运行人员所保存的有关图纸资料。向运行负责人交代检验结果，并写明该装置是否可以投入运行。最后办理工作票结束手续。

4. 投运前压板检查

运行人员在将保护装置投入前，应根据信号灯指示或者用高内阻电压表以一端对地测压板端子电压的方法检查并证实被检验的保护装置确实未给出跳闸或合闸脉冲，才允许将装置的连接片接到投入的位置。

5. 投运前报告检查

检验人员应在规定期间内提出书面报告，主管部门技术负责人应详细审核，如发现不妥且足以危害保护安全运行时，应根据具体情况采取必要的措施。

🔍 思 考 题

多选题：继电保护及二次回路投运前的检查，下列说法正确的（　　）。

A. 检查保护装置及二次回路应无异常

B. 现场运行规程的内容应与实际设备相符

C. 装置整定值应与定值通知单相符，定值通知单应与现场实际相符

D. 试验记录应无漏试项目，试验数据、结论应完整、正确

答案：ABCD

任务 10.2　带负荷试验

1. 带负荷试验前的要求

对新安装的保护装置，各有关部门需分别完成下列各项工作后，才允许进行相关的试验工作：

（1）符合实际情况的图纸与保护装置的技术说明及现场使用说明。

（2）运行中需由运行值班员操作的连接片、电源开关、操作把手等的名称、用途、操作方法等应在现场使用说明中详细注明。

2. 带负荷试验的要求

对新安装的或设备回路有较大变动的保护装置，在投入运行以前，应用一次电流及工作电压加以检验和判定，要求如下：

（1）对接入电流、电压的相互相位、极性有严格要求的保护装置（如带方向的电流保护、距离保护等），其相别、相位关系以及所保护的方向是否正确。

（2）电流差动保护（母线、发电机、变压器的差动保护、线路纵联差动保护及横差保护等）接到保护回路中的各组电流回路的相对极性关系及变比是否正确。

（3）每组电流互感器（包括备用绕组）的接线是否正确，回路连线是否牢靠。

（4）定期检验时，如果设备回路没有变动（未更换一次设备电缆、辅助变流器等），只需用简单的方法判明曾被拆动的二次回路接线确实恢复正常（如对差动保护测量其差电流、用电压表测量继电器电压端子上的电压等）即可。

3. 带负荷试验宜进行的项目

（1）测量电压、电流的幅值及相位关系。

（2）对使用电压互感器三次电压或零序电流互感器电流的保护装置，应利用一次电流与工作电压向装置中的相应元件通入模拟的故障量或改变被检查元件的试验接线方式，以判明装置接线的正确性。

注：由于整组试验中已判明同一回路中各保护元件间的相位关系是正确的，因此该项检验在同一回路中只须选取其中一个元件进行检验即可。

（3）测量电流差动保护各组电流互感器的相位及差动回路中的差电流（或差电压），以判明差动回路接线的正确性及电流变比补偿回路的正确性。所有差

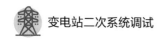

动保护（母线、变压器、发电机的纵差、横差等）在投入运行前，除测定相回路和差回路外，还应测量各中性线的不平衡电流、电压，以保证保护装置和二次回路接线的正确性。

（4）检查相序滤过器不平衡输出的数值应满足保护装置的技术条件。

（5）对高频相差保护、导引线保护，须进行所在线路两侧电流电压相别、相位一致性的检验。

（6）对导引线保护，须以一次负荷电流判定导引线极性连接的正确性。

4. 变压器保护差电流测试

对变压器差动保护，需要用在全电压下投入变压器的方法检验保护能否躲开励磁涌流的影响。

保护装置未经本条所述的检验，不能正式投入运行。对于新安装变压器，在变压器充电前，应将其差动保护投入使用。在一次设备运行正常且带负荷之后，再由试验人员利用负荷电流检查差动回路的正确性。

5. 发电机保护差电流测试

对发电机差动保护，应在发电机投入前进行的短路试验过程中，测量差动回路的差电流，以判明电流回路极性的正确性。

6. 零序方向元件的电流、电压测试

对于零序方向元件的电流及电压回路连接正确性的检验要求和方法，应由专门的检验规程规定。

对于使用非自产零序电压、电流的并联高压电抗器保护、变压器中性点保护等，在正常运行条件下无法利用一次电流、电压测试时，应与调度部门协调，创造条件进行利用工作电压检查电压二次回路，利用负荷电流检查电流二次回路接线的正确性。

7. 试验结果分析

对用一次电流及工作电压进行的检验结果，应按当时的负荷情况加以分析，拟订预期的检验结果，凡所得结果与预期的不一致时，应进行认真细致的分析，查找确实原因，不允许随意改动保护回路的接线。

8. 纵联保护通道检验

纵联保护需要在线路带电运行情况下检验载波通道的衰减及通道裕量，以测定载波通道运行的可靠性。

思 考 题

多选题：对于新安装的装置，应采用（　　）及（　　）进行带负荷测试。

A. 一次电流

B. 二次电流

C. 工作电压

D. 试验电压

答案：AC